龙游绿葱湖省级湿地公园野生动植物资源

Wildlife Resources in Lvconghu Provincial Wetland Park of Longyou County

毛岭峰　林晓越　张敏　编著

图书在版编目（CIP）数据

龙游绿葱湖省级湿地公园野生动植物资源 / 毛岭峰，林晓越，张敏编著. -- 北京 : 中国林业出版社, 2022.6

ISBN 978-7-5219-1742-0

Ⅰ. ①龙… Ⅱ. ①毛… ②林… ③张… Ⅲ. ①沼泽化地—公园—野生动物—动物资源—龙游县②沼泽化地—公园—野生植物—植物资源—龙游县 Ⅳ. ①Q958.525.54 ②Q948.525.54

中国版本图书馆CIP数据核字(2022)第110447号

策划编辑：肖静
责任编辑：肖静　刘煜
装帧设计：北京八度出版服务机构

出版发行：中国林业出版社
（100009，北京市西城区刘海胡同7号，电话 83143577）
电子邮箱：cfphzbs@163.com
网址：www.forestry.gov.cn/lycb.html
印刷：河北京平诚乾印刷有限公司
版次：2022年6月第1版
印次：2022年6月第1次印刷
开本：889mm×1194mm　1/16
印张：17.5
字数：420千字
定价：220.00元

编著者名单

编著者

毛岭峰（南京林业大学）

林晓越（龙游县溪口林场）

张　敏（南京林业大学）

其他参编者（按姓氏音序排列）

蔡志平	陈云霞	董玉洁	董禹然	方洪波	葛之葳	蒋　蕾
李　川	李　垚	刘　雪	鲁旭东	彭思利	沈　伟	唐超和
滕长云	汪海黎	王为民	吴秀萍	杨　楠	伊理孝	应建平
张文旭	张　永	祝立宏				

前　言

龙游绿葱湖省级湿地公园（以下称绿葱湖湿地公园）位于浙江省龙游县南部山区庙下乡境内，于2009年经浙江省林业厅批准建立。绿葱湖湿地公园地理坐标东经119°03′35″～119°05′08″，北纬28°46′39″～28°48′21″，总面积145.8hm^2。绿葱湖主峰海拔1390.5米，其所在区域曾是火山活跃地带，历经沧桑巨变形成了特有的火山湿地。绿葱湖湿地是浙江省首批八个省级重要湿地之一，也是浙西地区唯一的高山沼泽化草甸型湿地，在我国湿地资源特别是江南湿地资源中占据非常独特的地位。同时，绿葱湖湿地公园位于钱塘江的上游源头区，在涵养水源和调节径流等方面同样发挥着关键作用，具有重要的生态系统服务潜能。

绿葱湖湿地公园地处中亚热带季风气候区，四季分明、光照充足且温暖湿润。辖区内植物资源丰富、植被类型多样，且具有明显的垂直分布特征。整个湿地公园的植被覆盖率在95%以上，植被类型沿海拔由低到高依次分布有毛竹林、杉木阔叶树混交林、青冈类落叶阔叶树混交林、杜鹃花和圆锥绣球灌丛、黄山松林以及由禾本科、莎草科植物组成的高山湿地草甸。伴随四季变化，绿葱湖湿地公园交替呈现出花海、竹海、云海、雪海等诸多奇特的自然景象，十分壮观。丰富的植被类型也孕育了丰富的动物多样性，绿葱湖湿地公园内野生动物资源同样非常丰富，其中不乏珍稀濒危类群，具有非常高的保护价值和科学研究价值。

为了进一步摸清绿葱湖湿地公园野生生物资源家底，更好地保护绿葱湖湿地公园内的生物多样性，受绿葱湖湿地公园建设单位龙游县溪口林场委托，南京林业大学生物与环境学院组织相关科研人员于2020年6月起开始对绿葱湖湿地公园内的维管植物、兽类以及鸟类资源进行系统的调查。经过两年的持续调查和监测，调查团队在辖区内共发现维管植物396种，涉及113科260属。其中，蕨类植物9科11属13种，裸子植物3科5属7种，被子植物101科244属376种。维管植物中南方红豆杉（*Taxus wallichiana* var. *mairei*）为国家一级保护野生植物；春兰（*Cymbidium goeringii*）、六角莲（*Dysosma pleiantha*）、茶（*Camellia sinensis*）、中华猕猴桃（*Actinidia chinensis*）、香果树（*Emmenopterys*

henryi）等5种植物为国家二级保护野生植物。发现兽类13种，涉及5目9科12属。其中，黑麂（*Muntiacus crinifrons*）属国家一级保护野生动物，豹猫（*Prionailurus bengalensis*）、猕猴（*Macaca mulatta*）属国家二级保护野生动物。累计观察到鸟类79种，涉及11目33科68属。其中，黄腹角雉（*Tragopan caboti*）、白颈长尾雉（*Syrmaticus ellioti*）属国家一级保护野生动物，白眉山鹧鸪（*Arborophila gingica*）、白鹇（*Lophura nycthemera*）、勺鸡（*Pucrasia macrolopha*）、画眉（*Garrulax canorus*）以及红嘴相思鸟（*Leiothrix lutea*）等5种鸟类属国家二级保护野生动物。

在上述科学调查的基础上，调查团队编写了《龙游绿葱湖省级湿地公园野生动植物资源》一书。全书主要内容包括两部分。总论部分分自然地理概况、植被以及生物多样性3个主要章节系统介绍了绿葱湖湿地公园的自然地理特征以及栖息于此的蕨类植物、裸子植物、被子植物、兽类和鸟类等动植物资源的多样性、区系特征以及保护和利用价值；各论部分则分植物篇和动物篇展示了这些动植物资源的原生境图片，并对相应物种的主要形态特征、在国内的自然地理分布进行了描述。在具体编写过程中参考了诸多最新和权威的参考文献，现就相关细节说明如下。

1.在科的排序中，植物部分蕨类植物采用了最新的PPG（Pteridophyte Phylogeny Group）分类系统（PPG I，2016），裸子植物采用了克氏（Christenhusz）分类系统（Christenhusz *et al.*，2011），被子植物采用了APG Ⅳ分类系统（Angiosperm Phylogeny Group，2016），属、种以及种下等级则按照学名的字母顺序进行排序。动物的分类主要参照了《中国鸟类分类与分布名录（第三版）》（郑光美，2017）以及《中国兽类名录》（魏辅文等，2021）。其中，个别类群结合最新的分类学研究进展进行更新和调整。

2.在动植物区系的分析过程中，植物部分主要依据《中国种子植物区系地理》（吴征镒，2011）进行分区；动物部分则主要依据《中国动物地理》（张荣祖，1999）进行分析。

3.在物种描述过程中，植物形态特征主要参考《中国植物志》《Flora of China》以及植物智

（http://www.iplant.cn/）网站的描述进行精简和整理，保留物种主要的形态特征和识别要点；地理分布则主要依据上述志书以及相应的标本记录按行政区划对物种在我国的分布区进行了统计和描述。动物的形态描述以及分布主要参考《中国动物志》（郑作新，1979；高耀亭，1987）、《中国动物图谱兽类》（夏武平等，1988）、《中国啮齿类》（黄文几等，1995）、《中国鸟类野外手册》（约翰·马敬能等，2000）、《中国兽类彩色图谱》（杨奇森和岩崑，2007）、《中国鸟类图鉴》（曲利明，2013）、《中国鸟类分类与分布名录（第三版）》（郑光美，2017）以及《中国兽类名录》（魏辅文等，2021）等进行描述和说明。书中所有照片均为编写团队野外调查过程中实地拍摄。

4.物种濒危和保护等级主要参照《国家重点保护野生植物名录》（国家林业和草原局和农业农村部，2021）、《国家重点保护野生动物名录》（国家林业和草原局和农业农村部，2021）、《中国生物多样性红色名录：高等植物卷》（环境保护部和中国科学院，2013）、《中国生物多样性红色名录：脊椎动物》（蒋志刚，2021）以及《世界自然保护联盟濒危物种红色名录》（https://www.iucnredlist.org/）进行鉴定。

本书结合图文资料系统介绍了栖息于绿葱湖湿地公园内的野生动植物资源，对野生动植物资源的多样性、区系特征以及保护价值等进行了科学的分析和评估，以期为绿葱湖湿地公园生物多样性的保护以及区域生物多样性的研究提供参考。

本书在编撰校对过程中得到了中国科学院植物研究所叶建飞博士的审阅和帮助，特表示感谢。由于水平有限，本书难免出现不足和疏漏之处，敬请专家和同仁批评斧正。

编著者

2022年5月

目　录

前　言

总　论

各　论

总　论

1 自然地理概况

1.1 地理位置

浙江龙游绿葱湖省级湿地公园位于龙游县南部山区庙下乡境内，东以浙源里村为界，南以绿葱湖山顶、长生桥村及衢江区为界，西以衢江区为界，北以浙源里村白岩堂为界。地理坐标为东经119°03′35″～119°05′08″，北纬28°46′39″～28°48′21″，总面积145.8公顷。整个湿地公园地处浙江大竹海国家森林公园的核心区，具有重要的保护价值和科学研究价值；同时，绿葱湖湿地公园也是钱塘江上游源头区，在涵养水源、节流调蓄等诸多方面发挥着关键的作用，具有重要的生态价值。因此，绿葱湖省级湿地公园区位优势十分明显，地理位置十分重要。

1.2 地质地貌

绿葱湖湿地公园山体是浙西南山地的组成部分，属仙霞岭南麓余脉。仙霞岭山系是华夏古陆的一部分，山系南部因江山—绍兴深断裂与三门—常山大断裂通过而呈东西走向。燕山期仙霞岭火山侵入活动强烈，绿葱湖湿地公园所在地便是火山活跃地带，历经沧海巨变形成了现在特殊的火山湿地地貌。绿葱湖湿地公园在我国江南湿地资源中占据非常重要的地位，具有很高的科学研究价值。

1.3 土壤条件

绿葱湖湿地公园所处的龙游县岩性复杂。地质地貌决定了该区域成土因素和成土过程的复杂性以及土壤的层带性分布规律。整个县域属于土壤分布带中的红壤带，同时山区的垂直带谱上黄壤、水稻土、潮土、紫色土、石灰岩土、山地草甸土以及粗骨土等广泛分布，土壤类型多样（沙晋明和李小梅，2002）。其中，海拔600～650m以上的中山地区主要以黄壤为主；600～650m以下的低山丘陵则以红壤为主。在土壤酸碱度方面，pH4.5～5.5的酸性土壤在辖区广泛分布，其次为pH5.5～6.5的弱酸性土壤以及pH6.5～7.6的微酸性至弱碱性土壤（朱真令，2020）。

1.4 气候条件

绿葱湖湿地公园地处亚热带季风气候区，四季分明、季节变化明显。年均气温17.1℃，最热月和最冷月平均气温分别为28.8℃和5.0℃，极端最高气温和极端最低气温分别为41.0℃和-11.4℃。全年无霜期约257天。≥10℃的活动积温达5441℃。年均降水量1602.6mm，年平均相对湿度约为79%。全年日照时数近1761.9h，总辐射量达110kcal/cm^2。主要气象灾害为3～4月份的春寒以及12月～翌年2月的高山积雪和雨淞、雾淞等。

2 植被

2.1 植被概况

绿葱湖湿地公园境内植物资源丰富、植被类型多样，且具有明显的垂直分布特征。整个湿地公园的植被覆盖率在95%以上。海拔由低到高依次分布的主要植被类型有毛竹林、杉木阔叶树混交林、青冈类落叶阔叶树混交林、杜鹃花和圆锥绣球灌丛、黄山松林等。此外，山顶多草甸，主要是由禾本科狼尾草（*Pennisetum alopecuroides*）、芒（*Miscanthus sinensis*），莎草科福建薹草（*Carex fokienensis*）、签草（*C. doniana*）等植物组成的高山湿地草甸。

2.2 植被分类系统

参考《中国植被》并结合绿葱湖湿地公园的植被特征，将绿葱湖湿地公园内的植被划分为植被型（高级单位）、群系（中级单位）和群丛（基本单位）三级，在植被型之上设置一个辅助单位，即植被型组。以此为标准可将绿葱湖湿地公园内的植被具体划分为4个植被型组（即阔叶林、针叶林、灌丛和草本湿地）、9个植被型、15个群系。具体如下。

Ⅰ. 阔叶林

(1) 常绿阔叶林

①木荷林

(2) 常绿落叶阔叶混交林

②青冈类落叶阔叶树混交林

(3) 竹林

③毛竹林

Ⅱ. 针叶林

(4) 亚热带针叶林

④黄山松林

⑤杉木林

(5) 亚热带针阔混交林

⑥黄山松阔叶树混交林

⑦杉木阔叶树混交林

⑧柳杉阔叶树混交林

Ⅲ．山地矮林和灌丛

(6)山地矮林

⑨云锦杜鹃矮林

(7)常绿灌丛

⑩茶园

(8)落叶灌丛

⑪圆锥绣球灌丛

⑫杜鹃灌丛

⑬红果山胡椒灌丛

Ⅳ．草本湿地

(9)沼泽化草甸

⑭芒、签草群系

⑮薹草、野灯心草群系

2.3 植被类型

Ⅰ．阔叶林

阔叶林是指以阔叶树种为建群种或优势树种的森林植被类型。依据组成树种的生物学特性，可进一步划分为常绿阔叶林和落叶阔叶林以及常绿落叶阔叶混交林。在绿葱湖湿地公园内，海拔800m以上分布有较大范围的常绿阔叶林和常绿落叶阔叶混交林。

（1）常绿阔叶林

在绿葱湖湿地公园中，虽然亦有壳斗科青冈属等多种常绿树种的分布，但是典型的常绿阔叶林并不多见。在辖区范围内常绿阔叶林主要以木荷林为主。

①木荷林

木荷林在本区主要分布在海拔150m左右与竹林相邻的范围内。群落外貌深绿色，郁闭度为0.5左右。调查样方内的木荷平均胸径为14.9cm，最大胸径可达35.0cm，平均树高为10.7m。群落中常见的灌木有马银花（*Rhododendron ovatum*）、毛柄连蕊茶（*Camellia fraterna*）、山矾（*Symplocos sumuntia*）、峨眉鼠刺（*Itea omeiensis*）、檵木（*Loropetalum chinense*）、山莓（*Rubus corchorifolius*）、老鸦糊（*Callicarpa giraldii*）和菝葜（*Smilax china*）等。草本层的主要物种有金毛耳草（*Hedyotis chrysotricha*）以及芒萁（*Dicranopteris pedata*）、里白（*Diplopterygium glaucum*）、乌蕨（*Odontosoria chinensis*）等蕨类植物。该群系中最具代

表性的群丛为木荷—毛柄连蕊茶+马银花—芒萁（Ass. *Schima superba*—*Camellia fraterna* + *Rhododendron ovatum*—*Dicranopteris pedata*）。

（2）常绿落叶阔叶混交林

②青冈类落叶阔叶树混交林

青冈类落叶阔叶树混交林在辖区内海拔1000m以上较为常见，是绿葱湖湿地公园中常绿落叶阔叶混交林的主体（图1）。该类型的常绿树种以小叶青冈（*Quercus myrsinifolia*）和多脉青冈（*Q. multinervis*）为主。常见的伴生落叶树种有枹栎（*Q. serrata*）、雷公鹅耳枥（*Carpinus viminea*）、华东椴（*Tilia japonica*）、黄山玉兰（*Yulania cylindrica*）、四照花（*Cornus kousa* subsp. *chinensis*）、灯台树（*C. controversa*）、山槐（*Albizia kalkora*）、稠李属（*Padus*）和泡花树属（*Meliosma*）等。灌木层有红果山胡椒（*Lindera erythrocarpa*）、山橿（*L. reflexa*）、蜡瓣花（*Corylopsis sinensis*）、尖连蕊茶（*Camellia cuspidata*）和薄叶山矾（*Symplocos anomala*）等。草本层有薹草属（*Carex*）、堇菜属（*Corydalis*）和狗脊（*Woodwardia japonica*）等。该群系中最具代表性的群丛为小叶青冈+枹栎—山橿+红果山胡椒—福建薹草（Ass. *Quercus myrsinifolia* + *Q. serrata*—*Lindera reflexa* + *L. erythrocarpa*—*Carex fokienensis*）；多脉青冈+雷公鹅耳枥—红果山胡椒—福建薹草（*Quercus multinervis* + *Carpinus viminea*—*Lindera erythrocarpa*—*Carex fokienensis*）。

图1　绿葱湖湿地公园常绿落叶阔叶混交林

（3）竹林

③毛竹林

毛竹（*Phyllostachys edulis*）纯林在绿葱湖湿地公园海拔约800m以下广泛分布，林相结构较为单一（图2）。以生长在浙源里村周边的毛竹纯林为例，每亩[①]立竹110～170株，林冠郁闭度0.5～0.8。林下常见灌木有茶（*Camellia sinensis*）、白檀（*Symplocos tanakana*）、细齿叶柃（*Eurya nitida*）、中国绣球（*Hydrangea chinensis*）、乌药（*Lindera aggregata*）、寒莓（*Rubus buergeri*）、周毛悬钩子（*Rubus amphidasys*）和菝葜等，高度多为0.1～1.0m。草本层有金毛耳草、长梗黄精（*Polygonatum filipes*）、求米草（*Oplismenus undulatifolius*）和薹草属等，蕨类有芒萁、狗脊等，高度一般为10～30cm。在海拔800～1000m处，亦可见毛竹杉木混交林和毛竹阔叶树种混交林，常见的阔叶树种有化香树（*Platycarya strobilacea*）、木荷和小叶青冈等。该群系中典型的群丛有毛竹—菝葜+山莓—荩叶荩草（Ass. *Phyllostachys edulis—Smilax china + Rubus corchorifolius—Arthraxon prionodes*）；毛竹—中国绣球+乌药—求米草（Ass. *Phyllostachys edulis—Hydrangea chinensis + Lindera aggregata—Oplismenus undulatifolius*）；毛竹+杉木—阔叶箬竹—茅叶荩草（Ass. *Phyllostachys edulis + Cunninghamia lanceolata—Indocalamus latifolius—Arthraxon prionodes*）等。

图2　绿葱湖湿地公园毛竹林

① 1亩=1/15公顷。

Ⅱ. 针叶林

针叶林主要是以针叶树为建群种或优势种的森林植被类型。在绿葱湖省级湿地公园中主要以亚热带针叶林为主，包括黄山松林、杉木林以及部分柳杉林。其中杉木林和柳杉林多为人工林。

（4）亚热带针叶林

广义上的亚热带针叶林主要是指分布在亚热带常绿阔林区的平地、丘陵和低山的，由喜温暖、湿润的针叶树种组成的森林。在我国南方典型的亚热带针叶林包括马尾松林和杉木林等。马尾松林在绿葱湖湿地公园中并不多见，但在大竹海国家森林公园中常有分布，因此在本书中未作描述，仅对湿地公园中的黄山松林和杉木林进行重点介绍和说明。

④黄山松林

黄山松林在绿葱湖湿地公园中呈斑块状零散分布（图3）。其中较为典型的黄山松林位于登山步道附近。林下灌木层物种丰富，常见种有杜鹃（*Rhododendron simsii*）、云锦杜鹃（*R. fortunei*）、鹿角杜鹃（*R. latoucheae*）、野山楂（*Crataegus cuneata*）、长叶冻绿（*Frangula crenata*）、波叶红果树（*Stranvaesia davidiana* var. *undulata*）和红果山胡椒等。草本层有矮桃（*Lysimachia clethroides*）、福建薹草和堇菜属植物等。典型的群丛为黄山松—杜鹃—矮桃群丛（Ass. *Pinus taiwanensis*—*Rhododendron simsii*—*Lysimachia clethroides*）。

图3　绿葱湖湿地公园黄山松林

⑤杉木林

绿葱湖低海拔地区分布有大面积的杉木（*Cunninghamia lanceolata*）人工林（图2.4）。杉木平均胸径10.2cm，郁闭度近0.8。林下灌木类群较为丰富，主要包括薄叶山矾、光叶山矾（*Symplocos lancifolia*）、山莓、菝葜、羊角藤（*Morinda umbellata* subsp. *obovata*）、杜茎山（*Maesa japonica*）、峨眉鼠刺、算盘子（*Glochidion puberum*）、乌药、白背叶（*Mallotus apelta*）和尖连蕊茶等。草本植物主要包括狗脊、蕨（*Pteridium aquilinum* var. *latiusculum*）、芒萁、鳞毛蕨属（*Dryopteris*）、金毛耳草、长梗黄精以及薹草属植物。其中典型的群丛有杉木—山莓+菝葜—狗脊群丛（Ass. *Cunninghamia lanceolata*—*Rubus corchorifolius* + *Smilax china*—*Woodwardia japonica*）。

（5）亚热带针阔混交林

亚热带针阔混交林在本区主要是以黄山松、杉木、柳杉等亚热带针叶林树种与壳斗科、蔷薇科、桦木科、胡桃科、山茱萸科等科的常绿或者落叶树种组成。主要群系如下。

⑥黄山松阔叶树混交林

黄山松阔叶树混交林在绿葱湖海拔1270～1380m处呈斑块状零散分布。在该群丛中，乔木层除

图4　绿葱湖湿地公园杉木林

黄山松外，伴生树种有雷公鹅耳枥、黄岗山樱（*Cerasus serrulata* var. *huanggangensis*）、枹栎、化香树和小叶青冈等。灌木层物种较为丰富，常见种有杜鹃花科杜鹃花属植物，如杜鹃、云锦杜鹃、鹿角杜鹃等；此外也有筅子梢（*Campylotropis macrocarpa*）、菝葜、鸡矢藤（*Paederia foetida*）和牯岭勾儿茶（*Berchemia kulingensis*）等。草本层有蕨、矮桃、庐山风毛菊（*Saussurea bullockii*）、紫萼（*Hosta ventricosa*）等。其中典型的群落为黄山松+雷公鹅耳枥—杜鹃—蕨群丛（Ass. *Pinus taiwanensis* + *Carpinus viminea*—*Rhododendron simsii*—*Pteridium aquilinum* var. *latiusculum*）。

⑦杉木阔叶树混交林

杉木阔叶树混交林在绿葱湖海拔900~1250m处广泛分布（图5）。林内混生的常绿阔叶树种有木荷、小叶青冈、港柯（*Lithocarpus harlandii*）以及毛竹等，落叶树种有枹栎、化香树、黄岗山樱、灯台树、枫香树和青榨槭（*Acer davidii*）等。灌木层物种丰富，以山茶科、樟科、冬青科、蔷薇科等为主，常见种如红果山胡椒、山胡椒（*Lindera glauca*）、山橿、乌药、尾叶冬青（*Ilex wilsonii*）、太平莓（*Rubus pacificus*）、山莓和寒莓等，此外还有荚蒾属（*Viburnum*）、绣球属（*Hydrangea*）、蔓胡颓子（*Elaeagnus*

图5　绿葱湖湿地公园杉阔混交林

glabra）、宁波溲疏（*Deutzia ningpoensis*）和苎麻（*Boehmeria nivea*）等。郁闭度较高的林下草本层较为简单，主要为芒萁、狗脊、薹草属和堇菜属等植物。典型的群落有杉木+小叶青冈-山莓-狗脊群丛（Ass. *Cunninghamia lanceolata* + *Quercus myrsinifolia*—*Rubus corchorifolius*—*Woodwardia japonica*）；杉木+毛竹—荚蒾—福建薹草（Ass. *Cunninghamia lanceolata* + *Phyllostachys edulis*—*Viburnum dilatatum*—*Carex fokienensis*）。

⑧柳杉阔叶树混交林

柳杉林在绿葱湖湿地公园中分布面积不大，为人工林。柳杉人工林胸径6～30cm，树高8～15m，郁闭度为0.6。林内混生的乔木树种有杉木、山胡椒、白檀、雷公鹅耳枥、梾木（*Cornus macrophylla*）等。灌木树种主要有茶（*Camellia sinensis*）、蔓胡颓子、太平莓、中国绣球以及红果山胡椒等。林下草本主要有茅叶荩草、求米草、紫萁（*Osmunda japonica*）以及薹草属植物。典型的群落为柳杉+山胡椒—太平莓—茅叶荩草群丛（Ass. *Cryptomeria japonica* var. *sinensis* + *Lindera glauca*—*Rubus pacificus*—*Arthraxon prionodes*）。

Ⅲ. 山地矮林和灌丛

在绿葱湖省级湿地公园内海拔1200m以上地区，山地矮林和灌丛逐步成为主要的植被类型。以杜鹃花科杜鹃花属和绣球科绣球属为优势种组成的矮林和灌丛构成了这一区域植被的主体。具体描述如下。

（6）山地矮林

山地矮林常由一些常绿或落叶的矮化阔叶树种组成，由于分布的海拔相对较高，林分矮化，与典型的常绿或落叶阔叶林有着较大的区别，但同样是本区植被类型一个重要组成部分。在本区，山地矮林主要是指云锦杜鹃矮林。云锦杜鹃为杜鹃花科常绿灌木或小乔木，观赏和保护价值均非常高。

⑨云锦杜鹃矮林

云锦杜鹃矮林在绿葱湖海拔1000m以上呈小面积零星分布，散生于常绿落叶阔叶混交林内（图6）。林分高度约为4m。常见的伴生树种有杜鹃等。林下有较密集的阔叶箬竹分布，也零星分布有野山楂、牯岭勾儿茶等树种。草本层有龙牙草（*Agrimonia pilosa*）、多须公（*Eupatorium chinense*）、荩草等植物。典型的群落为云锦杜鹃+杜鹃—阔叶箬竹—龙牙草（Ass. *Rhododendron fortune* + *R. simsii*—*Indocalamus latifolius*—*Agrimonia pilosa*）。

（7）常绿灌丛

常绿灌丛在本区的分布较少，主要为人工茶园。

⑩茶园

茶园构成了本区唯一的常绿灌丛。虽不属于野生植被，但由于本区茶树在遗传上具有特殊性，代表了我国茶树的一个特殊类群，是难得的种质，因此在此单独列出。

图 6 绿葱湖湿地公园云锦杜鹃矮林

（8）落叶灌丛

落叶灌丛在本区类型较多，是山地矮林和灌丛植被型的主体。主要包括圆锥绣球灌丛、杜鹃灌丛、云锦杜鹃矮林以及红果山胡椒灌丛。

⑪ 圆锥绣球灌丛

圆锥绣球灌丛在绿葱湖海拔1200～1300m处有成片分布（图7）。其中亦伴生有山茶科、樟科、冬青科、蔷薇科植物，常见种如山胡椒、山橿、中国绣球等。林下草本层较为简单，主要为芒萁、狗脊和薹草属植物等。典型的植物群落为圆锥绣球＋山橿—狗脊群丛（Ass. *Hydrangea paniculata* + *Lindera reflexa*—*Woodwardia japonica*）。

⑫ 杜鹃灌丛

杜鹃灌丛在绿葱湖山顶海拔1300m左右广泛分布（图8）。以山顶登山步道附近20m×20m样方为例，其内有杜鹃分株116株，占所有胸径大于1cm分株总数的约70%。样方内杜鹃平均株高为2m，平均胸径为2cm。主要伴生树种有小果珍珠花（*Lyonia ovalifolia* var. *elliptica*）、黄岗山樱、云锦杜鹃、湖北海棠（*Malus hupehensis*）、长叶冻绿和合轴荚蒾（*Viburnum sympodiale*）等。草本层有龙牙草、紫花前胡（*Angelica decursiva*）、求米草和庐山风毛菊等。层间植物以菝葜属、勾儿茶属（*Berchemia*）和薯蓣属（*Dioscorea*）等较为常见。典型的植物群落为杜鹃—菝葜＋鸡矢藤—庐山风毛菊群丛（Ass. *Rhododendron simsii*—*Smilax china* + *Paederia foetida*—*Saussurea bullockii*）。

图 7　绿葱湖湿地公园圆锥绣球灌丛

图 8　绿葱湖湿地公园杜鹃灌丛

⑬红果山胡椒灌丛

红果山胡椒灌丛在绿葱湖海拔1200m以上有成片分布。以山顶登山步道附近20m×20m样方为例，其内有红果山胡椒分株41株，占所有胸径大于1cm分株总数的约60%。样方内红果山胡椒分枝平均株高为3m，平均胸径为6cm。主要伴生树种有杜鹃、圆锥绣球、白檀、茅栗和胡枝子属（*Lespedeza*）等。草本层有求米草、乌蕨、黄精属等。典型的群落为红果山胡椒 + 杜鹃—多花黄精群丛（Ass. *Lindera erythrocarpa* + *Rhododendron simsii*—*Polygonatum cyrtonema*）。

Ⅳ. 草本湿地

绿葱湖湿地是浙江省首批八个省级重要湿地之一，也是浙西地区唯一的高山沼泽化草甸型湿地，在我国湿地资源特别是江南湿地资源中占据非常独特的地位。如前文所述，绿葱湖湿地公园所在区曾经是火山活跃地带，历经沧海桑田的巨变形成了目前的湿地景观。

（9）沼泽化草甸

⑭芒、签草群系

在绿葱湖湿地公园山顶分布有大范围的禾草草丛（图9），其主要组成为禾本科芒属芒（*Miscanthus sinensis*）、狼尾草属狼尾草（*Pennisetum alopecuroides*）以及莎草科薹草属签草（*Carex doniana*）。由此构成了芒 + 狼尾草 + 签草群系（Ass. *Miscanthus sinensis* + *Pennisetum alopecuroides* + *Carex doniana*）。

图9　绿葱湖湿地公园禾草草丛

⑮薹草、野灯心草群系

在海拔1390.5m的绿葱湖湿地公园山顶，现存有典型的沼泽化湿地（图10）。其植被主要组成为莎草科薹草属植物，如福建薹草、垂穗薹草（*Carex brachyathera*）、中华薹草（*C. chinensis*）等，以及灯心草科灯心草属野灯心草（*Juncus setchuensis*）。由此构成了福建薹草 + 垂穗薹草 + 野灯心草群丛（Ass. *Carex fokienensis* + *C. brachyathera* + *Juncus setchuensis*）。

图10　绿葱湖湿地公园山顶灯心草沼泽

3 生物多样性

3.1 生物多样性概况

通过样方和样线法对绿葱湖湿地公园内的维管植物、兽类和鸟类多样性进行系统调查。在辖区内共发现维管植物396种，涉及113科260属。其中，蕨类植物9科11属13种，裸子植物3科5属7种，被子植物101科244属376种。维管植物中，属国家重点保护野生植物的有7种。其中南方红豆杉（*Taxus wallichiana* var. *mairei*）为国家一级保护野生植物；春兰（*Cymbidium goeringii*）、六角莲（*Dysosma pleiantha*）、茶（*Camellia sinensis*）、中华猕猴桃（*Actinidia chinensis*）、香果树（*Emmenopterys henryi*）等5种植物为国家二级保护野生植物。根据《中国生物多样性红色名录——高等植物卷》，湿地公园内温州葡萄（*Vitis wenchowensis*）属濒危（EN）物种，南方红豆杉、春兰、土元胡（*Corydalis humosa*）以及小叶猕猴桃（*Actinidia lanceolata*）等4种植物属于易危（VU）物种，杜衡（*Asarum forbesii*）、玉兰（*Yulania denudata*）、纤细薯蓣（*Dioscorea gracillima*）、斑叶兰（*Goodyera schlechtendaliana*）、多花黄精（*Polygonatum cyrtonema*）、六角莲、三枝九叶草（*Epimedium sagittatum*）、尖叶唐松草（*Thalictrum acutifolium*）、黄檀（*Dalbergia hupeana*）、迎春樱桃（*Cerasus discoidea*）、浙江雪胆（*Hemsleya zhejiangensis*）、对萼猕猴桃（*Actinidia valvata*）以及香果树等13种植物属于近危（NT）类群。除此之外，六角莲、三枝九叶草、浙江雪胆以及红淡比（*Cleyera japonica*）等4种植物同时被列入浙江省重点保护野生植物名录。

丰富的植物多样性和生境多样性同样孕育了丰富的动物多样性。此次调查利用红外相机在绿葱湖湿地公园内共捕捉到黑麂（*Muntiacus crinifrons*）、小麂（*Muntiacus reevesi*）、猪獾（*Arctonyx collaris*）等13种大型兽类的活动轨迹，涉及5目9科12属。其中，黑麂属国家一级保护野生动物，豹猫（*Prionailurus bengalensis*）、猕猴（*Macaca mulatta*）属国家二级保护野生动物。

绿葱湖湿地公园特殊的生境同样为鸟类提供了良好的栖息地和迁徙中转地。本次调查采用红外相机结合样地和样线调查在湿地公园共记录鸟类79种涉及11目33科68属。其中，黄腹角雉（*Tragopan caboti*）、白颈长尾雉（*Syrmaticus ellioti*）属国家一级保护野生动物，白眉山鹧鸪（*Arborophila gingica*）、白鹇（*Lophura nycthemera*）、勺鸡（*Pucrasia macrolopha*）、画眉（*Garrulax canorus*）以及红嘴相思鸟（*Leiothrix lutea*）等5种鸟类属国家二级保护野生动物。根据世界自然保护联盟（IUCN）最新评估结果，白眉山鹧鸪、白颈长尾雉属于近危（NT）类群，黄腹角雉属易危（VU）物种。

3.2 蕨类植物

3.2.1 蕨类植物多样性

根据蕨类植物最新的PPG I分类系统（PPG I, 2016），绿葱湖湿地公园主要包括蕨类物种9科11属13种。其中，紫萁科（Osmundaceae）1属1种，里白科（Gleicheniaceae）2属2种，海金沙科（Lygodiaceae）1属1种，鳞始蕨科（Lindsaeaceae）1属1种，碗蕨科（Dennstaedtiaceae）1属2种，乌毛蕨科（Dennstaedtiaceae）1属1种，金星蕨科（Thelypteridaceae）1属1种，鳞毛蕨科（Dryopteridaceae）2属3种，水龙骨科（Polypodiaceae）1属1种（表1）。

表1　绿葱湖湿地公园主要蕨类植物

序号	科	属	种
1	紫萁科 Osmundaceae	紫萁属 *Osmunda*	紫萁（*Osmunda japonica*）
2	里白科 Gleicheniaceae	芒萁属 *Dicranopteris*	芒萁（*Dicranopteris pedata*）
		里白属 *Diplopterygium*	里白（*Diplopterygium glaucum*）
3	海金沙科 Lygodiaceae	海金沙属 *Lygodium*	海金沙（*Lygodium japonicum*）
4	鳞始蕨科 Lindsaeaceae	乌蕨属 *Odontosoria*	乌蕨（*Odontosoria chinensis*）
5	碗蕨科 Dennstaedtiaceae	蕨属 *Pteridium*	蕨（*Pteridium aquilinum* var. *latiusculum*）
			毛轴蕨（*Pteridium revolutum*）
6	乌毛蕨科 Blechnaceae	狗脊属 *Woodwardia*	狗脊（*Woodwardia japonica*）
7	金星蕨科 Thelypteridaceae	金星蕨属 *Parathelypteris*	金星蕨（*Parathelypteris glanduligera*）
8	鳞毛蕨科 Dryopteridaceae	鳞毛蕨属 *Dryopteris*	红盖鳞毛蕨（*Dryopteris erythrosora*）
			黑足鳞毛蕨（*Dryopteris fuscipes*）
		耳蕨属 *Polystichum*	假黑鳞耳蕨（*Polystichum pseudomakinoi*）
9	水龙骨科 Polypodiaceae	瓦韦属 *Lepisorus*	盾蕨（*Lepisorus ovatus*）

3.2.2 蕨类植物区系成分

（1）科的分析

如表1所示，绿葱湖湿地公园中，类群较多的科为鳞毛蕨科（Dryopteridaceae），占辖区蕨类植物总数的3/13。该科主产于北半球温带至亚热带高山林下，并向我国的西南和喜马拉雅拓展。其次为里白科（Gleicheniaceae）和碗蕨科（Dennstaedtiaceae）各有2个物种。这两科均属于泛热带分布类型。其余大部分科均只包含一个物种。其中，紫萁科（Osmundaceae）大部分属特产南美洲，而本区该科植物属于紫萁属（*Osmunda*）主产北半球，属于典型的北温带分布。水龙骨科（Polypodiaceae）具有热带美洲和亚洲东南部区两个分布中心，其在东南亚的分布中心为喜马拉雅至横断山脉（秦仁昌，1979）。鳞始蕨科（Lindsaeaceae）主要分布于世界热带及亚热带地区，绿葱湖省级湿地公园内所设涉及的该科类群主要为泛热带分布。海金沙科（Lygodiaceae）为单科单属类群，属泛热带分布类型。乌毛蕨科（Blechnaceae）主产南半球热带地区。金星蕨科（Thelypteridaceae）广布世界热带和亚热带地区。

（2）属的分析

在属的组成方面，绿葱湖湿地公园涉及蕨类植物11属。除蕨属（*Pteridium*）和鳞毛蕨属（*Dryopteris*）各包含两个种外，大部分属均只包含一个物种。根据吴征镒（2011）以及臧德奎（1998）关于植物分布区的分类方法，本区蕨类植物主要包含5个分布区类型。其中，里白属（*Diplopterygium*）、海金沙属（*Lygodium*）、乌蕨属（*Odontosoria*）、金星蕨属（*Parathelypteris*）均属于泛热带分布；蕨属（*Pteridium*）、狗脊蕨属（Woodwardia）、鳞毛蕨属（*Dryopteris*）、耳蕨属（*Polystichum*）属世界分布。以上两种分布构成了绿葱湖湿地公园蕨类植物的主体。除此之外，湿地公园内同样存在一些其他的区系成分，包括旧大陆热带分布，其代表属为芒萁属（*Dicranopteris*）；热带亚洲至热带非洲分布，代表属为瓦韦属（*Lepisorus*）；以及北温带分布，代表属为紫萁属。虽然湿地公园内蕨类植物类群不多，但是其中也不乏古老的成分。例如，紫萁属、芒萁属、里白属均起源于中生代三叠纪，海金沙属等则起源于第三纪（陈日红 等，2019），说明湿地公园所在区域起源较为古老。

（3）种的分析

在具体物种方面，绿葱湖湿地公园内大部分蕨类植物属于东亚分布类型。如：紫萁（*Osmunda japonica*）、芒萁（*Dicranopteris pedata*）、里白（*Diplopterygium glaucum*）、海金沙（*Lygodium japonicum*）、乌蕨（*Odontosoria chinensis*）、金星蕨（*Parathelypteris glanduligera*）、红盖鳞毛蕨（*Dryopteris erythrosora*）、黑足鳞毛蕨（*Dryopteris fuscipes*）、狗脊（*Woodwardia japonica*）、假黑鳞耳蕨（*Polystichum pseudomakinoi*）、盾蕨（*Lepisorus ovatus*）等，主要分布于秦岭和长江以南地区，属于东亚分布类型中的中国－日本分布变型。蕨（*Pteridium aquilinum* var. *latiusculum*）虽可延伸到东北和华北地区，但核心分布区仍集中于长江以南各地区。毛轴蕨（*Ptəridium rəvolutum*）主要分布于我国的西南地区，如西藏、云南、四川、广西等地区，并有少部分居群向华中、华东地区过渡，属于中国－喜马拉雅分布变型。

3.2.3 蕨类植物资源的开发利用途径

绿葱湖湿地公园蕨类植物种类虽然有限，但这些物种均具有重要的生态和经济价值。一些物种具有较好的药效，是重要的药用植物，例如，紫萁的根状茎富含微量元素，具有滋补和提高免疫力等功效；紫萁多糖是天然的光谱抑菌成分；其幼叶上的细毛又称“老虎台衣”具有清热解毒、止血的功效，可用于痢疾、崩漏（徐皓，2005）。芒萁具有清热利尿、化瘀、止血之功效，可用于治疗鼻衄、肺热

咳血、尿道炎等各种炎症，同时适用于跌打损伤及烫伤和蚊虫叮咬等症（苏育才和陈晓清，2012）。里白的根状茎、髓部具有止血和接骨的功效。海金沙具有清利湿热、通淋止痛功效，临床上常用于治疗带状疱疹、婴幼儿腹泻等疾病（赵鹏辉等，2011）；乌蕨等具有清热解毒、抗菌消炎等功效，在民间常作为草药使用（王亚敏等，2019）。此外蕨类植物如毛轴蕨、蕨的根状茎富含高质量的淀粉，营养丰富，具有较高的食用价值（曹清明等，2007）。大部分的蕨类植物清雅新奇，造型优美，具有较高的观赏价值，是未来园林和盆景的理想选择。除此之外，部分蕨类是重要的环境指示植物，例如，紫萁、芒萁、狗脊等只适合生长于酸性或者偏酸性的土壤中，可作为酸性土壤的指示植物，具有重要的生态价值（何川生，1997）。

3.3 裸子植物

3.3.1 裸子植物多样性

根据最新的裸子植物克氏（Christenhusz）分类系统（Christenhusz et al.，2011），绿葱湖湿地公园内共包含裸子植物3科5属7种（表2）。其中，柏科（Cupressaceae）包括2属2种；红豆杉科（Taxaceae）包括2属2种；松科（Pinaceae）包括1属3种。

表2 绿葱湖湿地公园主要裸子植物

序号	科	属	种
1	柏科 Cupressaceae	柳杉属 *Cryptomeria*	柳杉（*Cryptomeria japonica* var. *sinensis*）
		杉木属 *Cunninghamia*	杉木（*Cunninghamia lanceolata*）
2	红豆杉科 Taxaceae	三尖杉属 *Cephalotaxus*	三尖杉（*Cephalotaxus fortunei*）
		红豆杉属 *Taxus*	南方红豆杉（*Taxus wallichiana* var. *mairei*）
3	松科 Pinaceae	松属 *Pinus*	马尾松（*Pinus massoniana*）
			黄山松（*Pinus taiwanensis*）
			黑松（*Pinus thunbergii*）

3.3.2 裸子植物区系成分

在裸子植物方面，绿葱湖湿地公园辖区内类群不多，但是不乏一些古老的类群。如松属（*Pinus*）、红豆杉属（*Taxus*）均起源于白垩纪，杉木属（*Cunninghamia*）则起源于晚白垩纪至第三纪。在区系成分方面，湿地公园内的裸子植物主要以温带分布类型为主，热带分布类型缺乏。其中松属、红豆杉属属于典型的北温带分布类型；柳杉属（*Cryptomeria*）在地质历史时期曾广布于欧亚大陆，目前仅存柳杉（*Cryptomeria japonica*）一种间断分布于我国南方长江流域和日本；三尖杉属（*Cephalotaxus*）主要分布于亚洲东部，属于典型的东亚分布类型；杉木属（*Cunninghamia*）起源于我国中低纬度亚热带地区，现广布于秦岭以南温暖地区，是我国特有分布属。

3.3.3 濒危或特有裸子植物

在本区裸子植物中，南方红豆杉（*Taxus wallichiana* var. *mairei*）属国家一级保护野生植物，为我国亚热带至暖温带特有物种之一，对区域植物区系的研究具有重要的价值。同时，南方红豆杉的枝叶中含有紫杉醇，是世界上公认的广谱强活性抗癌药物，具有重要的医用价值（刘茜，2018）。此外，三尖杉（*Cephalotaxus fortunei*）同样为我国特有裸子植物。在濒危等级方面，根据世界自然保护联盟（IUCN）最新评估结果，南方红豆杉属于易危（VU）物种。

3.4 被子植物

3.4.1 被子植物多样性

根据被子植物最新的APG Ⅳ分类系统（Angiosperm Phylogeny Group，2016），绿葱湖湿地公园内共有被子植物376种，涉及101科244属，包括单子叶植物16科27属42种，双子叶植物85科217属334种。其中，双子叶类群中，包括木兰类等双子叶植物的原始类群2科8属14种以及真双子叶植物83科209属320种。这些被子植物构成了绿葱湖湿地公园生态系统的主体。

3.4.2 科的组成分析

在科级水平上，绿葱湖湿地公园内大部分科包含的物种较少。其中，包含2~9个物种的少种科居多，共计58科，占辖区内被子植物总科数的57.43%，占据本区域被子植物总数的53.19%；包含10~20个物种的中等科共计8科，占辖区内被子植物总科数的7.92%，占辖区内被子植物总数的27.39%；有34科为单种科，占据辖区内被子植物总科数的33.66%，占辖区内被子植物总科数的9.04%；物种数超过20的大科仅1科，包含39个物种占辖区被子植物总数的10.37%（表3）。

表3 绿葱湖湿地公园被子植物科的组成及分析

科的类型（种数/种）	科数/科	占总科数的比例/%	包含种数	占总种数的比例/%
大科（>20）	1	0.99	39	10.37
中等科（10~20）	8	7.92	103	27.39
少种科（2~9）	58	57.43	200	53.19
单种科	34	33.66	34	9.04
合计	101	100.0	376	100.0

在科的组成中，以蔷薇科（Rosaceae）物种最为丰富，共包含17属39种，是绿葱湖湿地公园中最大的科。其次为唇形科（Lamiaceae），共包含11属18种；菊科（Asteraceae），共包含12属14种；以及豆科（Fabaceae），共包含10属14种。以上几科均属被子植物较大的类群，往往是不同环境中的优势物种，因此在湿地公园内分布的类群也较多。除此之外，诸如杜鹃花科（Ericaceae）

（4属13种）、樟科（Lauraceae）（6属12种）、壳斗科（Fagaceae）（6属11种）、茜草科（Rubiaceae）（11属11种）、禾本科（Poaceae）（9属10种）、五列木科（Pentaphylacaceae）（4属7种）等科在辖区内的种类同样较多。这些类群在区域生态环境的构建构成中发挥着重要作用，具有鲜明的代表性，是本区植物区系组成的重要基础。

湿地公园内单种科相对较多，共计34科。但是这些科中许多科为全国或全球区域中含有种或属较多的类群。例如伞形科（Apiaceae）、杜英科（Elaeocarpaceae）、姜科（Zingiberaceae）、夹竹桃科（Apocynaceae）等。这些科在全球区域包含的物种数均在100种以上。湿地公园内这些科所包含的物种有限，但是在一定程度上也可以反映出区域植物区系与其他植物区系的广泛联系。

3.4.3 属的组成分析

在属的组成方面，绿葱湖湿地公园被子植物大部分属为单种属。在244属中，180属仅包含1个物种，占该区属总数的73.77%，被子植物总数的47.87%。其次为包含2～9个物种的少种属。湿地公园内包含少种属63个，占辖区属总数的25.82%，被子植物总数的48.94%。包含物种数量大于10的属仅有一个，占辖区属总数的0.41%，被子植物总数的3.19%（表4）。

表4　绿葱湖湿地公园被子植物属的组成及分析

属的类型（种数/种）	属数/属	占总属数的比例/%	包含种数	占总种数的比例/%
中等属（10～20）	1	0.41	12	3.19
少种属（2～9）	63	25.82	184	48.94
单种属	180	73.77	180	47.87
合计	244	100.0	376	100.0

3.4.4 被子植物区系成分

（1）科的分析

从科的角度分析，辖区被子植物共计101科，其分布类型大致可以划分为以下几类。世界分布型，其典型代表为蔷薇科、唇形科、菊科、禾本科、蓼科（Polygonaceae）、毛茛科（Ranunculaceae）、茜草科（Rubiaceae）、报春花科（Primulaceae）、莎草科（Cyperaceae）、十字花科（Brassicaceae）、桑科（Moraceae）等，这些科在本区的被子植物类群中占优势，是本区植物区系的重要组成部分。泛热带分布，代表科有豆科（Fabaceae）、樟科（Lauraceae）、葡萄科（Vitaceae）、荨麻科（Urticaceae）、大戟科（Euphorbiaceae）、山茶科（Theaceae）、山矾科（Symplocaceae）、芸香科（Rutaceae）、锦葵科（Malvaceae）、薯蓣科（Dioscoreaceae）、漆树科（Anacardiaceae）、无患子科（Sapindaceae）、紫草科（Boraginaceae）、防己科

（Menispermaceae）、天南星科（Araceae）、鸭跖草科（Commelinaceae）等。东亚（热带、亚热带）及热带南美间断分布，代表科有冬青科（Aquifoliaceae）、木通科（Lardizabalaceae）、五加科（Araliaceae）、省沽油科（Staphyleaceae）、安息香科（Styracaceae）等。热带亚洲至热带非洲分布，代表科有杜鹃花科等。热带亚洲分布，代表科有清风藤科（Sabiaceae）等。北温带分布，代表科有壳斗科（Fagaceae）、罂粟科（Papaveraceae）、忍冬科（Caprifoliaceae）、百合科（Liliaceae）、小檗科（Berberidaceae）、金缕梅科（Hamamelidaceae）、胡颓子科（Elaeagnaceae）、胡桃科（Juglandaceae）、灯心草科（Juncaceae）等。东亚和北美间断分布，代表科有三白草科（Saururaceae）等。这些科的区系特征说明了绿葱湖湿地公园所处地区区系的丰富性和复杂性。

（2）属的分析

如表5所示，绿葱湖湿地公园内的被子植物以温带成分为主，共计138属，占辖区被子植物属总数的56.56%。热带成分同样占据一定的比例（32.38%），数量达79属。世界分布属所占比例较小仅为9.84%。此外，辖区内也包含了中国特有属3个。在温带成分中，北温带成分明显占优势，共包含54属，占保护区被子植物属总数的22.13%，占温带成分总属数的39.41%；其次为东亚成分，包含38属，占被子植物总属数的15.57%，占温带成分总属数的27.54%；东亚及北美间断分布的属也相对较多，包含26属，占属总数的10.66%；旧世界温带成分在温带成分中所占比例排第四位，包含14属，占总属数的5.74%。温带亚洲，地中海、西至中亚分布以及中亚分布类群在保护区类所占比例较少。温带成分占优势主要是由湿地公园所处的纬度与海拔等综合因子决定的，其中北温带成分占主导也反映了本区与我国北方植物区系的潜在联系。在热带成分中，泛热带分布分布类群最多，共包含29属，占本地被子植物属总数的11.89%，占热带成分总叔叔的36.71%；其次为热带亚洲成分，共包含16属，占属总数的6.56%，占热带成分总属数的20.25%；热带亚洲和热带美洲间断分布在本区的亦存在7个属。这些特征反应了本区被子植物在起源方面与世界被子植物区系存在着广泛联系。

表5 龙游绿葱湖省级湿地公园被子植物分布区类型

分布区类型	亚型	属数	占总属数比例（%）
世界分布	1. 世界分布	24	9.84
热带分布	2. 泛热带分布	29	11.89
	3. 热带亚洲和热带美洲间断分布	7	2.87
	4. 旧世界热带分布	10	4.10
	5. 热带亚洲和热带大洋洲分布	9	3.69
	6. 热带亚洲至热带非洲分布	8	3.28
	7. 热带亚洲分布	16	6.56
热带分布小计		79	32.38

（续）

分布区类型	亚型	属数	占总属数比例（%）
温带分布	8. 北温带分布	54	22.13
	9. 东亚及北美间断分布	26	10.66
	10. 旧世界温带分布	14	5.74
	11. 温带亚洲分布	2	0.82
	12. 地中海、西至中亚分布	3	1.23
	13. 中亚分布	1	0.41
	14. 东亚分布	38	15.57
温带分布小计	温带小计	138	56.56
中国特有分布	15. 中国特有分布	3	1.23
合计		244	100

在具体属方面，北温带成分的典型代表属有栗属（*Castanea*）、栎属（*Quercus*）、鹅耳枥属（*Carpinus*）、槭属（*Acer*）、杜鹃花属（*Rhododendron*）、越橘属（*Vaccinium*）、斑叶兰属（*Goodyera*）、唐松草属（*Thalictrum*）、虎耳草属（*Saxifraga*）、假升麻属（*Aruncus*）、委陵菜属（*Potentilla*）、蔷薇属（*Rosa*）、胡颓子属（*Elaeagnus*）、桑属（*Morus*）等。这些属所包含的种类是湿地公园常绿落叶阔叶混交林的重要组成部分，如多脉青冈（*Quercus multinervis*）、小叶青冈（*Q. myrsinifolia*）、茅栗（*Castanea seguinii*）、黄岗山樱（*Prunus huanggangensis*）、雷公鹅耳枥（*Carpinus viminea*）等，且是绿葱湖湿地公园阔叶林生态系统重要建群种和伴生种。东亚成分的代表属有猕猴桃属（*Actinidia*）、蜡瓣花属（*Corylopsis*）、檵木属（*Loropetalum*）、旌节花属（*Stachyurus*）、吴茱萸属（*Tetradium*）、双蝴蝶属（*Tripterospermum*）、青荚叶属（*Helwingia*）等，其中吴茱萸属也是东亚特有属。东亚及北美间断分布在本区也有一定的代表类群，主要包括：玉兰属（*Yulania*）、八角属（*Illicium*）、五味子属（*Schisandra*）、檫木属（*Sassafras*）、鼠刺属（*Itea*）、勾儿茶属（*Berchemia*）、漆树属（*Toxicodendron*）、蓝果树属（*Nyssa*）、溲疏属（*Deutzia*）、红淡比属（*Cleyera*）、络石属（*Trachelospermum*）等。

在热带分布类型中，泛热带分布的代表类群包括薯蓣属（*Dioscorea*）、菝葜属（*Smilax*）、鸭跖草属（*Commelina*）、合欢属（*Albizia*）、乌桕属（*Triadica*）、厚皮香属（*Ternstroemia*）、山矾属（*Symplocos*）、冬青属（*Ilex*）等。热带亚洲分布的代表属有润楠属（*Machilus*）、楠属（*Phoebe*）、山茶属（*Camellia*）、木荷属（*Schima*）、香果树属（*Emmenopterys*）、石荠苎属（*Mosla*）等，这些属的代表种如红楠（*Machilus thunbergii*）、紫楠（*Phoebe sheareri*）、木荷（*Schima superba*）等是亚热带常绿阔叶林的重要的伴生种。热带亚洲和热带美洲间断分布在本区的有7个属，分别是樟属（*Cinnamomum*）、木姜子属（*Litsea*）、泡花树属（*Meliosma*）、长柄山蚂蝗属（*Hylodesmum*）、青皮木属（*Schoepfia*）、柃属（*Eurya*），其中的代表种乌药、山鸡椒（*Litsea cubeba*）等同样是亚热带常绿阔叶林的重要组成部分。以上特征在一定程度上也说明了绿葱湖湿地公园的植物在起源上具有热带起源特征。

绿葱湖湿地公园中亦存在一定的中国特有成分，主要涉及3属，即箬竹属（*Indocalamus*）、车前紫草属（*Sinojohnstonia*）以及毛药花属（*Bostrychanthera*）。代表种包括阔叶箬竹（*Indocalamus latifolius*）、浙赣车前紫草（*Sinojohnstonia chekiangensis*）以及毛药花（*Chelonopsis deflexa*）等。

3.5 兽类

3.5.1 兽类多样性

此次调查利用红外相机在绿葱湖湿地公园内共捕捉到13种兽类的活动轨迹。这些兽类共涉及5目9科12属（表6）。其中，灵长目（Primates）涉及猴科（Cercopithecidae）1科；兔形目（Lagomorpha）涉及兔科（Leporidae）1科；啮齿目（Rodentia）涉及豪猪科（Hystricidae）和松鼠科（Sciuridae）2科；偶蹄目（Artiodactyla）涉及鹿科（Cervidae）和猪科（Suidae）2科，食肉目（Carnivora）包括猫科（Felidae）、灵猫科（Viverridae）和鼬科（Mustelidae）3科。

表6　绿葱湖省级湿地公园主要兽类

目	科	物种	保护等级
灵长目 Primates	猴科 Cercopithecidae	猕猴 *Macaca mulatta*	国家二级
兔形目 Lagomorpha	兔科 Leporidae	华南兔 *Lepus sinensis*	-
啮齿目 Rodentia	豪猪科 Hystricidae	豪猪 *Hystrix hodgsoni*	-
	松鼠科 Sciuridae	珀氏长吻松鼠 *Dremomys pernyi*	-
		隐纹花鼠 *Tamiops swinhoei*	-
偶蹄目 Artiodactyla	猪科 Suidae	野猪 *Sus scrofa*	-
	鹿科 Cervidae	黑麂 *Muntiacus crinifrons*	国家一级
		小麂 *Muntiacus reevesi*	-
食肉目 Carnivora	猫科 Felidae	豹猫 *Prionailurus bengalensis*	国家二级
	灵猫科 Viverridae	花面狸 *Paguma larvata*	-
	鼬科 Mustelidae	猪獾 *Arctonyx collaris*	-
		鼬獾 *Melogale moschata*	-
		黄腹鼬 *Mustela kathiah*	-

3.5.2 区系组成

根据中国动物的地理区划，绿葱湖湿地公园中兽类的分布区类型主要包括古北型、东洋型和南中国型。其中古北型只包含野猪（*Sus scrofa*）1个物种；东洋型则包含6个物种，占湿地公园中所观察到兽类总数的46.2%，这些物种包括猕猴（*Macaca mulatta*）、花面狸（*Paguma larvata*）、猪獾（*Arctonyx collaris*）、豹猫（*Prionailurus bengalensis*）、隐纹花鼠（*Tamiops swinhoei*）以及豪猪（*Hystrix brachyura*）等，其中猕猴、花面狸、猪獾、豹猫、隐纹花鼠均属于东洋型中的热带-温带型，豪猪属于东洋型中的热带-北亚热带型；南中国型包括兽类物种6个，即黑麂（*Muntiacus crinifrons*）、小麂（*Muntiacus reevesi*）、黄腹鼬（*Mustela kathiah*）、鼬獾（*Melogale moschata*）、珀氏长吻松鼠（*Dremomys pernyi*）以及华南兔（*Lepus sinensis*），其中，小麂、黄腹鼬、鼬獾、珀氏长吻松鼠等4个物种属于热带-北亚热带分布型，华南兔属于热带-中亚热带分布型，黑麂属中亚热带分布型，同时中国黑麂和小麂也是我国特有种。

3.5.3 保护价值

湿地公园内兽类资源有限，但是其中的种类却具有较高的保护价值。其中，黑麂属国家一级保护野生动物，豹猫、猕猴属国家二级保护野生动物。

3.6 鸟类

3.6.1 鸟类多样性

采用样线法调查集合红外相机拍摄，在绿葱湖湿地公园内共发现79种鸟类的活动轨迹。这些物种涉及11目33科68属。其中，雀形目（Passeriformes）包含的类群最多，共涉及23科48属59种，分别占据绿葱湖湿地公园中鸟类科、属、种总数的69.7%、70.6%和74.7%。其次为鸡形目（Galliformes），共包括1科6属6种，分别占辖区鸟类科、属、种总数的3.0%、2.9%和7.6%。鹈形目（Pelecaniformes）包含1科4属4种，分别占辖区鸟类科、属、种总数的3%、5.9%和5.1%。鸽形目（Columbiformes）和鹃形目（Cuculiformes）各包含1科2属2种，分别占辖区鸟类科、属、种总数的3%、2.9%和2.5%。其余目鹤型目（Gruiformes）、啄木鸟目（Piciformes）、鸻形目（Charadriiformes）、鸊鷉目（Podicipediformes）、隼形目（Falconiformes）、鹰形目（Accipitriformes）等均只包括1科1属1种。

3.6.2 科的分析

在科级水平上，绿葱湖湿地公园中大部分科（18科）仅包含2~5种鸟类，如：鸦科（Corvidae）、鹎科（Pycnonotidae）、噪鹛科（Leiothrichidae）、鹡鸰科（Motacillidae）均包含5

个物种；鹀科（Emberizidae）、雀科（Passeridae）、林鹛科（Timaliidae）、鹭科（Ardeidae）等只包含2~4个物种。这18个科共包含物种53种，占湿地公园中鸟类物种总数的67.1%。有两个科所包含的物种数>5，其中鹟科（Muscicapidae）包含鸟类7种，占湿地公园中鸟类物种总数的8.9%；雉科（Phasianidae）包含鸟类6种，占湿地公园中鸟类物种种数的7.6%。有13科仅包含1个物种，共占辖区鸟类总物种数的16.5%，其中包括隼科（Falconidae）、山椒鸟科（Campephagidae）和扇尾莺科（Cisticolidae）等（表7）。

表7　绿葱湖省级湿地公园主要鸟类

序号	目	科	物种
1	鸡形目 Galliformes	雉科 Phasianidae	白眉山鹧鸪 *Arborophila gingica*
2			灰胸竹鸡 *Bambusicola thoracicus*
3			黄腹角雉 *Tragopan caboti*
4			勺鸡 *Pucrasia macrolopha*
5			白鹇 *Lophura nycthemera*
6			白颈长尾雉 *Syrmaticus ellioti*
7	䴙䴘目 Podicipediformes	䴙䴘科 Podicipedidae	小䴙䴘 *Tachybaptus ruficollis*
8	鸽形目 Columbiformes	鸠鸽科 Columbidae	山斑鸠 *Streptopelia orientalis*
9			珠颈斑鸠 *Streptopelia chinensis*
10	鹃形目 Cuculiformes	杜鹃科 Cuculidae	红翅凤头鹃 *Clamator coromandus*
11			大鹰鹃 *Hierococcyx sparverioides*
12	鹤形目 Gruiformes	秧鸡科 Rallidae	黑水鸡 *Gallinula chloropus*
13	鸻形目 Charadriiformes	鹬科 Scolopacidae	丘鹬 *Scolopax rusticola*
14	鹈形目 Pelecaniformes	鹭科 Ardeidae	池鹭 *Ardeola bacchus*
15			牛背鹭 *Bubulcus ibis*
16			中白鹭 *Ardea intermedia*
17			小白鹭 *Egretta garzetta*
18	鹰形目 Accipitriformes	鹰科 Accipitridae	林雕 *Ictinaetus malaiensis*
19	啄木鸟目 Piciformes	啄木鸟科 Picidae	黄嘴栗啄木鸟 *Blythipicus pyrrhotis*
20	隼形目 Falconiformes	隼科 Falconidae	红隼 *Falco tinnunculus*
21	雀形目 Passeriformes	山椒鸟科 Campephagidae	灰喉山椒鸟 *Pericrocotus solaris*
22		鸦科 Corvidae	松鸦 *Garrulus glandarius*
23			红嘴蓝鹊 *Urocissa erythroryncha*
24			灰树鹊 *Dendrocitta formosae*
25			喜鹊 *Pica pica*
26			秃鼻乌鸦 *Corvus frugilegus*
27		山雀科 Paridae	远东山雀 *Parus minor*

（续）

序号	目	科	物种
28	雀形目 Passeriformes	扇尾莺科 Cisticolidae	纯色山鹪莺 *Prinia inornata*
29		燕科 Hirundinidae	家燕 *Hirundo rustica*
30			金腰燕 *Cecropis daurica*
31		鹎科 Pycnonotidae	领雀嘴鹎 *Spizixos semitorques*
32			白头鹎 *Pycnonotus sinensis*
33			绿翅短脚鹎 *Ixos mcclellandii*
34			栗背短脚鹎 *Hemixos castanonotus*
35			黑短脚鹎 *Hypsipetes leucocephalus*
36		柳莺科 Phylloscopidae	黄腰柳莺 *Phylloscopus proregulus*
37			黄眉柳莺 *Phylloscopus inornatus*
38		树莺科 Cettiidae	棕脸鹟莺 *Abroscopus albogularis*
39			强脚树莺 *Horornis fortipes*
40		长尾山雀科 Aegithalidae	红头长尾山雀 *Aegithalos concinnus*
41		雀鹛科 Alcippeidae	淡眉雀鹛 *Alcippe hueti*
42		莺鹛科 Sylviidae	棕头鸦雀 *Sinosuthora webbiana*
43			灰头鸦雀 *Psittiparus gularis*
44		绣眼鸟科 Zosteropidae	栗颈凤鹛 *Staphida torqueola*
45			暗绿绣眼鸟 *Zosterops japonicus*
46		林鹛科 Timaliidae	斑胸钩嘴鹛 *Erythrogenys gravivox*
47			棕颈钩嘴鹛 *Pomatorhinus ruficollis*
48			红头穗鹛 *Cyanoderma ruficeps*
49		噪鹛科 Leiothrichidae	画眉 *Garrulax canorus*
50			灰翅噪鹛 *Garrulax cineraceus*
51			小黑领噪鹛 *Garrulax monileger*
52			黑领噪鹛 *Garrulax pectoralis*
53			红嘴相思鸟 *Leiothrix lutea*
54		椋鸟科 Sturnidae	八哥 *Acridotheres cristatellus*
55			丝光椋鸟 *Spodiopsar sericeus*
56		鸫科 Turdidae	虎斑地鸫 *Zoothera dauma*
57			灰背鸫 *Turdus hortulorum*
58			乌灰鸫 *Turdus cardis*
59			乌鸫 *Turdus mandarinus*
60		鹟科 Muscicapidae	蓝歌鸲 *Larvivora cyane*
61			红胁蓝尾鸲 *Tarsiger cyanurus*
62			北红尾鸲 *Phoenicurus auroreus*

（续）

序号	目	科	物种
63	雀形目 Passeriformes	鹟科 Muscicapidae	红尾水鸲 *Rhyacornis fuliginosa*
64			紫啸鸫 *Myophonus caeruleus*
65			白冠燕尾 *Enicurus leschenaulti*
66			蓝矶鸫 *Monticola solitarius*
67		叶鹎科 Chloropseidae	橙腹叶鹎 *Chloropsis hardwickii*
68		梅花雀科 Estrildidae	白腰文鸟 *Lonchura striata*
69			斑文鸟 *Lonchura punctulata*
70		雀科 Passeridae	山麻雀 *Passer cinnamomeus*
71			麻雀 *Passer montanus*
72		鹡鸰科 Motacillidae	黄鹡鸰 *Motacilla tschutschensis*
73			灰鹡鸰 *Motacilla cinerea*
74			白鹡鸰 *Motacilla alba*
75			树鹨 *Anthus hodgsoni*
76			水鹨 *Anthus spinoletta*
77		燕雀科 Fringillidae	黑尾蜡嘴雀 *Eophona migratoria*
78		鹀科 Emberizidae	白眉鹀 *Emberiza tristrami*
79			灰头鹀 *Emberiza spodocephala*

3.6.3 区系组成

根据张荣祖（1999）在《中国动物地理》一书中对鸟类分布型的研究，中国鸟类分布型对应于地质－古地理事件及现代自然条件分异的形成，在南北分化的基础上，又可新建立东北型、中亚型、高地型、喜马拉雅－横断山区型、南中国型以及岛屿型等11种主要的分布型。以此为基础对绿葱湖湿地公园内的鸟类的分布型进行分析，可以将湿地公园内的鸟类总体划分为6个分布区类型，另有一些种，由于分布比较广泛等原因，其分布区类型不易确定（表8）。

表8 绿葱湖湿地公园内鸟类分布型分析

分布型代号	分布型	种数	占总属数比例（%）
C	1. 全北型	3	3.80
U	2. 古北型	11	13.92
M/K	3. 东北型	8	10.13
E	4. 季风区型	1	1.27
S	5. 南中国型	16	20.25
W	6. 东洋型	34	43.04
O	7. 不易归类的分布	6	7.59
合计		79	100

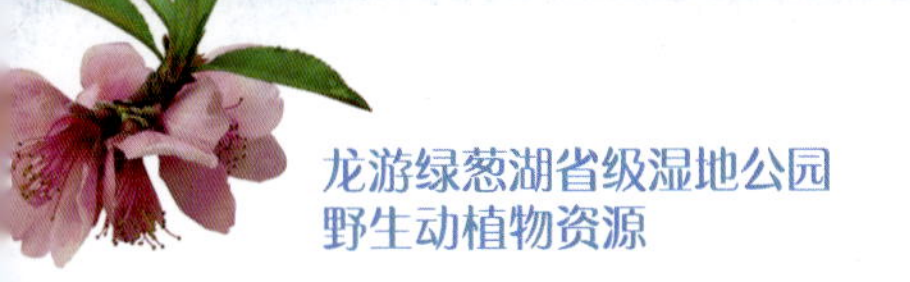

如表8所示，绿葱湖湿地公园内栖息的79种鸟类中，大部分鸟类属于东洋型，共包括鸟类34种，属这一分布型的鸟类占湿地公园中鸟类总数的43.04%。其代表物种包括棕颈钩嘴鹛（*Pomatorhinus ruficollis*）、灰树鹊（*Dendrocitta formosae*）等热带分布类群，也包括林雕（*Ictinaetus malaiensis*）、栗背短脚鹎（*Hemixos castanonotus*）等热带-南亚热带类群以及白鹇（*Lophura nycthemera*）、中白鹭（*Ardea intermedia*）、灰喉山椒鸟（*Pericrocotus solaris*）等热带-中亚热带类群，黄嘴栗啄木鸟（*Blythipicus pyrrhotis*）、牛背鹭（*Bubulcus ibis*）、红嘴相思鸟（*Leiothrix lutea*）、白腰文鸟（*Lonchura striata*）等热带-北亚热带类群以及红嘴蓝鹊（*Urocissa erythroryncha*）、红尾水鸲（*Phoenicurus fuliginosus*）、紫啸鸫（*Myophonus caeruleus*）等热带-温带类群。其次为南中国型分布鸟类，共计16种，占湿地公园内鸟类种类的20.25%。如黄腹角雉（*Tragopan caboti*）、白眉山鹧鸪（*Arborophila gingica*）、灰胸竹鸡（*Bambusicola thoracicus*）等主要分布于热带-中亚热带区，属于南中国型中的热带-中亚热带亚型；白头鹎（*Pycnonotus sinensis*）、棕脸鹟莺（*Abroscopus albogularis*）、斑胸钩嘴鹛（*Erythrogenys gravivox*）、红头穗鹛（*Cyanoderma ruficeps*）属南中国型中的热带-北亚热带亚型；白颈长尾雉（*Syrmaticus ellioti*）、山麻雀（*Passer cinnamomeus*）、勺鸡（*Pucrasia macrolopha*）、灰翅噪鹛（*Garrulax cineraceus*）则分属南中国型下的南亚热带-中亚热带、中亚热带-北亚热带、中亚热带以及热带-中温带亚型。古北型在湿地公园中也有一定的种类，占据辖区鸟类总物种数的13.92%。其中包括金腰燕（*Cecropis daurica*）、黄眉柳莺（*Phylloscopus inornatus*）、蓝矶鸫（*Monticola solitarius*）、丘鹬（*Scolopax rusticola*）等代表类群。东北分布型鸟类在本区有8种，占鸟类总数的10.13%。其代表种有黑尾蜡嘴雀（*Eophona migratoria*）、红胁蓝尾鸲（*Tarsiger cyanurus*）、北红尾鸲（*Phoenicurus auroreus*）等。全北型和季风区型鸟类则只占较小的比例。这些鸟类的分布型及其组成充分说明本区鸟类区系主要以东洋界类群占优势，虽有一定的古北界类群，但比例相对较少。

3.6.4 濒危及重点保护鸟类

本区记录的79种鸟类中黄腹角雉（*Tragopan caboti*）、白颈长尾雉（*Syrmaticus ellioti*）属国家一级保护野生动物，白眉山鹧鸪（*Arborophila gingica*）、白鹇（*Lophura nycthemera*）、勺鸡（*Pucrasia macrolopha*）、画眉（*Garrulax canorus*）以及红嘴相思鸟（*Leiothrix lutea*）等5种鸟类属国家二级保护野生动物。根据世界自然保护联盟（IUCN）最新评估结果，白眉山鹧鸪、白颈长尾雉属于近危（NT）类群，黄腹角雉属易危（VU）物种。

各论

植物篇

紫萁 *Osmunda japonica* 属紫萁属 科紫萁科

形态特征：叶簇生，直立，叶柄禾秆色；叶片三角广卵形，纸质，成长后光滑无毛，顶部一回羽状，其下为二回羽状；羽片3~5对，对生，长圆形，叶边缘有均匀的细锯齿；叶脉明显，自中肋斜向上。孢子叶同营养叶分开（有时营养叶的顶部能育）；孢子叶同营养叶等高，小羽片变成线形，沿中肋两侧背面密生孢子囊。

分布：华东、华中、华南、西南及部分西北地区。

芒萁 *Dicranopteris pedata* 属芒萁属 科里白科

形态特征：植株高3~5m，蔓延生长。根状茎横走，深棕色，被锈毛。叶坚纸质，远生；叶轴五至八回两叉分枝。各回腋芽卵形。密被锈色毛。苞片卵形，边缘具三角形裂片。孢子囊群圆形，细小，1列，着生于基部上侧小脉的弯弓处，由5~7个孢子囊组成。

分布：长江以南及部分西北地区。

里白 *Diplopterygium glaucum* 属里白属 科里白科

形态特征：陆生蕨类，根状茎横走，有鳞片。叶疏生，草质，正面绿色，背面灰白色；顶芽有密鳞片，并包有1对羽裂的叶状苞片；羽片条状披针形，全缘，有时微凹。孢子囊群生于分叉侧脉的上侧1小脉，在主脉两侧各排成1行。

分布：广布长江以南各区。

海金沙 *Lygodium japonicum* 属海金沙属 科海金沙科

形态特征：陆生攀援蕨类，植株高攀达1~4m。羽片多数，尖三角形，对生于叶轴上的短距两侧，平展，端有一丛黄色柔毛复盖腋芽；二回羽状叶，纸质，叶缘有锯齿；主脉明显，侧脉纤细。孢子囊穗长2~4mm，往往长远超过小羽片的中央不育部分，排列稀疏，暗褐色，无毛。

分布：华东、华中、华南、西南及部分西北地区。

乌蕨 *Odontosoria chinensis* 属 乌蕨属 科 鳞始蕨科

形态特征：陆生草本，根状茎短而横走，密生赤褐色钻状鳞片。叶近生，厚草质，无毛；叶片披针形或矩圆披针形，四回羽状细裂。孢子囊群位于裂片顶部，顶生于小脉上，每裂片1~2枚；囊群盖厚纸质，杯形或浅杯形，口部全缘或多少啮断状。

分布：广布长江以南各区。

蕨 *Pteridium aquilinum* var. *latiusculum* 属 蕨属 科 碗蕨科

形态特征：多年生草本，根状茎长而横走，有锈黄色茸毛。叶远生，近革质，小羽轴及主脉下面有疏毛；叶片阔三角形或矩圆三角形，三回羽状或四回羽裂。孢子囊群生小脉顶端的联结脉上，沿叶缘分布；囊群盖条形，有变质的叶缘反折而成的假盖。嫩叶可食，称“蕨菜”；全株入药。

分布：广布全国各地。

毛轴蕨 *Pteridium revolutum* 属蕨属 科碗蕨科

形态特征：陆生蕨类，根状茎横走。叶远生有纵沟1条，禾秆色，幼时密被灰白色柔毛，老则脱落；叶片三角形，常全缘；三回羽状，羽片披针形；裂片下面被密毛，干后近革质，边缘常反卷；叶脉正面凹陷，背面隆起；叶轴、羽轴的纵沟内均密被灰白色或浅棕色柔毛，老时渐稀疏。

分布：华中、华南、西南、部分华东地区和西北地区。

狗脊 *Woodwardia japonica* 属狗脊属 科乌毛蕨科

形态特征：根状茎粗壮，横卧，暗褐色，与叶柄基部密被鳞片。叶近生，暗浅棕色，坚硬，下部密被鳞片；叶片长卵形，近革质，二回羽裂，叶脉明显，裂片边缘有细密锯齿。孢子囊群线形，着生于主脉两侧的狭长网眼上，不连续；囊群盖线形，质厚，棕褐色，成熟时开向主脉或羽轴，宿存。

分布：华东、华中、华南、西南和部分西北地区。

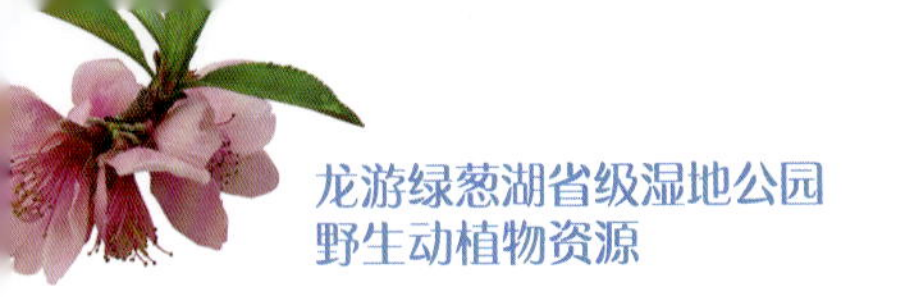

金星蕨 *Parathelypteris glanduligera* 属 金星蕨属 科 金星蕨科

形态特征： 陆生，根状茎长而横走，光滑。叶近生，草质，叶片披针形或阔披针形，二回羽状深裂，有时羽片下面密被橙黄色圆球形腺体；叶脉明显，侧脉单一。孢子囊群小，圆形，背生于侧脉的近顶部；囊群盖中等大，圆肾形，棕色，厚膜质，背面疏被灰白色刚毛，宿存。

分布： 华东、华中、华南、部分西南地区和西北地区。

红盖鳞毛蕨 *Dryopteris erythrosora* 属 鳞毛蕨属 科 鳞毛蕨科

形态特征： 植株高40~80cm，叶簇生，基部密被栗黑色披针形鳞片。叶片长圆状披针形，二回羽状；羽轴和小羽片中脉密被棕色泡状鳞片。孢子囊群较小，在小羽片中脉两侧各一行至不规则多行，靠近中脉着生；囊群盖圆肾形，全缘，中央红色，边缘灰白色，干后常向上反卷而不脱落。

分布： 华东、华中、华南、部分西南地区。

◈ 黑足鳞毛蕨 *Dryopteris fuscipes* 属鳞毛蕨属 科鳞毛蕨科

形态特征：陆生中型草本，常绿，根状茎横卧或斜升。叶纸质簇生；叶片卵状披针形或三角状卵形，二回羽状，干后褐绿色；叶轴有较密鳞片，羽轴具有较密的泡状鳞片和稀疏的小鳞片。孢子囊群大，在小羽片中脉两侧各一行，略靠近中脉着生；囊群盖圆肾形，边缘全缘。

分布：华东、华中、华南、部分西南地区。

◈ 盾蕨 *Lepisorus ovatus* 属瓦韦属 科水龙骨科

形态特征：根状茎横走，密生鳞片。叶远生；单叶，卵状，全缘或下部多少分裂；叶柄密被鳞片；主脉隆起，侧脉明显，小脉网状，有分叉的内藏小脉。孢子囊群圆形，沿主脉两侧排成不整齐的多行，或在侧脉间排成不整齐的一行，幼时被盾状隔丝覆盖。

分布：华东、华中、华南、部分西南地区。

柳杉 *Cryptomeria japonica* var. *sinensis* 属 柳杉属 科 柏科

形态特征： 乔木，高达40m。树皮红褐色，纤维状，裂成条片状落脱；大枝常轮状着生，树冠尖塔形；小枝下垂，当年生枝绿色。叶钻形，四面有气孔线。球果近球形，有种鳞，鳞背有一个三角状分离的苞鳞尖头；种子边缘有窄翅。

花果期： 花期4月，球果10月成熟。

分布： 福建、浙江、江西、云南、四川。

杉木 *Cunninghamia lanceolata* 属 杉木属 科 柏科

形态特征： 乔木，高达30m；树冠圆锥形，树皮裂成长条片脱落。叶在主枝上辐射伸展，披针形，通常微弯、呈镰状，革质、坚硬，边缘有细缺齿。雄球花圆锥状，有短梗；雌球花绿色。球果先端有刺状尖头，边缘有锯齿；种子边缘有窄翅。

花果期： 花期4月，球果10月下旬成熟。

分布： 华东、华中、华南、部分西南和西北地区。

三尖杉 *Cephalotaxus fortunei* 属 三尖杉属 科 红豆杉科

形态特征：常绿大乔木；树皮裂成片状脱落；树冠广圆形。叶排成两列，披针状条形，通常微弯，正面深绿色，中脉隆起，背面气孔带白色。雄球花头状。种子椭圆状卵形或近圆球形，假种皮成熟时紫色或红紫色，顶端有小尖头；子叶2枚。

花果期：花期4月，种子8～10月成熟。

分布：广布南方各省，北至河南、陕西、甘肃。

南方红豆杉 *Taxus wallichiana* var. *mairei* 属 红豆杉属 科 红豆杉科

形态特征：常绿乔木，小枝互生。叶螺旋状着生，排成二列，条形、微弯、近镰状，正面中脉隆起，背面有两条黄绿色气孔带。种子倒卵形或宽卵形，微扁，先端微有二纵脊，生于红色肉质的杯状假种皮中，有种脐。

分布：长江流域以南，部分西北地区。

马尾松 *Pinus massoniana* 属松属 科松科

形态特征：常绿乔木。1年生枝淡黄褐色，无毛；冬芽褐色。针叶2针一束，细柔，边生；叶鞘宿存。球果卵圆形或圆锥状卵形，种鳞的鳞盾平或微肥厚，微具横脊；鳞脐微凹，无刺尖；种子长卵圆形。

花果期：花期4~5月，球果翌年10~12月成熟。

分布：华东、华中、华南、部分西南和西北地区。

黄山松 *Pinus taiwanensis* 属松属 科松科

形态特征：常绿乔木，高达30m；树皮深灰褐色，裂成不规则鳞状厚块片或薄片。针叶2针一束，稍硬直，边缘有细锯齿，两面有气孔线；叶鞘宿存。雄球花淡红褐色，聚生于新枝下部成短穗状。球果向下弯垂，常宿存树上6~7年；种子具不规则的红褐色斑纹。

花果期：花期4~5月，球果翌年10月成熟。

分布：华东、华中、部分华南和西南地区。

黑松 *Pinus thunbergii* 属松属 科松科

形态特征：常绿乔木，高达30m；树皮灰黑色，粗厚，裂成块片脱落；树冠宽圆锥状或伞形。针叶2针一束，深绿色，有光泽，粗硬，边缘有细锯齿，背腹面均有气孔线。雄球花淡红褐色，聚生于新枝下部；雌球花生于新枝近顶端。球果向下弯垂；种子有深色条纹，种翅灰褐色。

花果期：花期4~5月，种子翌年10月成熟。

分布：全国各地区均有分布，集中于东部沿海和长江以南地区。

南五味子 *Kadsura longipedunculata* 属南五味子属 科五味子科

形态特征：藤本，各部无毛。叶长圆状披针形、倒卵状披针形或卵状长圆形，边有疏齿；叶面具淡褐色透明腺点。花单生于叶腋，白色或淡黄色，雌雄异株。聚合果球形，小浆果外果皮薄革质，干时显出种子。

花果期：花期6~9月，果期9~12月。

分布：华东、华中、华南、部分西南地区。

红毒茴 *Illicium lanceolatum* 属 八角属 科 五味子科

形态特征：灌木或小乔木；枝条纤细，树皮浅灰色至灰褐色。叶互生或稀疏地簇生于小枝近顶端，革质，披针形、倒披针形或倒卵状椭圆形。花腋生或近顶生，红色、深红色，花被片肉质。果梗长可达6cm，蓇葖10~14枚，顶端有向后弯曲的钩状尖头。

花果期：花期4~6月，果期8~10月。

分布：华东、部分华中和西南地区。

华中五味子 *Schisandra sphenanthera* 属 五味子属 科 五味子科

形态特征：落叶木质藤本。叶纸质，倒卵形，干膜质边缘至叶柄成狭翅，有白色点，边缘具波状齿，叶柄红色。花生于近基部叶腋，有膜质苞片，橙黄色；子房下延成不规则的附属体。聚合果；成熟小桨红色，种子褐色光滑。

花果期：花期4~7月，果期7~9月。

分布：部分华中、西南、西北和华东地区。

蕺(jí)菜 *Houttuynia cordata* 属 蕺菜属 科 三白草科

形态特征：腥臭草本。茎下部伏地，节上轮生小根。叶薄纸质，有腺点，卵形或阔卵形，背面常呈紫红色；托叶膜质成鞘，基部扩大，略抱茎。花序长约2cm；总苞片长圆形或倒卵形；雄蕊长于子房。蒴果顶端有宿存的花柱。

花果期：花期4~7月。

分布：我国中部、东南至西南部各地区。

杜衡 *Asarum forbesii* 属 细辛属 科 马兜铃科

形态特征：多年生草本。根状茎短，根丛生，稍肉质。叶片阔心形至肾心形，叶面深绿色，中脉两旁有白色云斑，脉上及边缘有短毛；芽苞叶边缘有睫毛。花暗紫色，花被管钟状或圆筒状，内壁具明显格状网眼；子房半下位，花柱离生。

花果期：花期4~5月。

分布：华东、部分华中和西南地区。

黄山玉兰 *Yulania cylindrica* 属玉兰属 科木兰科

形态特征：落叶大乔木。树皮灰白色，平滑。老枝紫褐色，皮揉碎有辛辣香气。叶膜质，倒卵形，叶面无毛。先花后叶；花梗粗壮，被长毛；花白色，基部常红色，具爪；雌蕊群绿色。聚合果下垂；种子心形，基部突尖，腹部具宽的凹沟。

花果期：花期5~6月，果期8~9月。

分布：部分华东和华中地区。

玉兰 *Yulania denudata* 属玉兰属 科木兰科

形态特征：落叶大乔木。冬芽密生长绒毛。叶互生，倒卵形至倒卵状矩圆形，全缘，有光泽，背面生柔毛。花先叶开放，单生枝顶，白色，有芳香，呈钟状，大形；雄蕊多数，在伸长的花托下部螺旋状排列。聚合蓇葖果圆筒形，淡褐色；果梗有毛。

花果期：一年开花两次，花期2~3月和7~9月，果期8~9月。

分布：华东、华中、部分西南和西北地区。

樟 *Cinnamomum camphora* 属樟属 科樟科

形态特征：常绿大乔木，高可达30m，树冠广卵形。枝、叶及木材均有樟脑气味；树皮黄褐色，有不规则的纵裂。叶互生，卵状椭圆形，全缘，软骨质，有光泽，离基三出脉。圆锥花序腋生，花绿白或带黄色。果球形，紫黑色；果托杯状具纵向沟纹。

花果期：花期4～5月，果期8～11月。

分布：南方及西南各地区。

乌药 *Lindera aggregata* 属山胡椒属 科樟科

形态特征：常绿灌木或小乔木，树皮灰褐色。根有纺锤状或结节状膨胀，有香味，微苦，有刺激性清凉感。叶互生，卵形，椭圆形至近圆形，革质有光泽，三出脉。伞形花序腋生，无总梗，黄色或黄绿色；子房椭圆形，被褐色短柔毛。

花果期：花期3～4月，果期5～11月。

分布：华南、部分华东、西南和华中地区。

红果山胡椒 *Lindera erythrocarpa* 属 山胡椒属 科 樟科

形态特征：落叶灌木或小乔木，高可达5m。树皮灰褐色，多皮孔，其木栓质突起致皮甚粗糙。叶互生，通常为倒披针形，纸质，羽状脉。伞形花序着生于腋芽两侧各一，总苞片4，具缘毛。果球形，熟时红色，有果托。

花果期：花期4月，果期9~10月。

分布：华中、华南，部分华东、西南和西北地区。

山胡椒 *Lindera glauca* 属 山胡椒属 科 樟科

形态特征：落叶灌木或小乔木，高达8m。树皮平滑，灰白色。冬芽外部鳞片红色。叶互生，近革质，宽椭圆形或倒卵形，正面暗绿色，背面苍白色，生灰色柔毛，具羽状脉。雌雄异株，伞形花序腋生，花黄色。果实球形，有香气。

花果期：花期3~4月，果期7~9月。

分布：华中，华南，部分华东、西南、西北地区。

绒毛山胡椒 *Lindera nacusua* 属 山胡椒属 科 樟科

形态特征：常绿灌木或小乔木，树皮灰色，有纵向裂纹；顶芽密被黄褐色柔毛。叶互生，宽卵形、椭圆形至长圆形，革质，光亮，背面被黄褐色长柔毛；叶柄粗壮，密被柔毛。伞形花序单生或簇生于叶腋；花黄色。果近球形，成熟时红色，果梗粗壮。

花果期：花期5~6月，果期7~10月。

分布：华南、部分华东和西南地区。

山橿(jiāng) *Lindera reflexa* 属 山胡椒属 科 樟科

形态特征：落叶灌木或小乔木；树皮棕褐色，有纵裂及斑点。冬芽长角锥状，芽鳞红色。叶互生，通常卵形或倒卵状椭圆形，纸质，羽状脉。伞形花序着生于叶芽两侧各一，具红色总梗；花被黄色，椭圆形；子房椭圆形，柱头盘状。果球形，熟时红色。

花果期：花期4月，果期8月。

分布：长江以南各地区。

豹皮樟 *Litsea coreana* var. *sinensis* 属 木姜子属 科 樟科

形态特征：常绿乔木；树皮灰色，呈小鳞片状剥落。叶互生，叶长圆形或披针形，革质，幼时基部沿中脉有柔毛，羽状脉；叶柄上面有柔毛。伞形花序腋生；苞片交互对生，外面被黄褐色丝状短柔毛。果近球形，宿存花被裂片。

花果期：花期8~9月，果期翌年夏季。

分布：华东和华中地区。

山鸡椒 *Litsea cubeba* 属 木姜子属 科 樟科

形态特征：落叶灌木或小乔木；树皮幼时黄绿色，光滑，老时灰褐色。叶互生，纸质，有香气，矩圆形或披针形，羽状脉。雌雄异株；伞形花序先叶而出；果实近球形，有不明显小尖头，成熟黑色。

花果期：花期2~3月，果期7~8月。

分布：广布于我国长江以南各地区。

黄丹木姜子 *Litsea elongata* 属 木姜子属 科 樟科

形态特征：常绿小乔木或中乔木，高达12m，树皮灰黄色或褐色。顶芽卵圆形，鳞片外面被丝状短柔毛。叶互生，长圆形、长圆状披针形至倒披针形，革质，正面无毛，背面被柔毛，羽状脉，叶柄密被褐色绒毛。伞形花序单生，少簇生。果长圆形，成熟时黑紫色；果托杯状。

花果期：花期5~11月，果期6月至翌年2月。

分布：广布于我国长江以南各区。

红楠 *Machilus thunbergii* 属 润楠属 科 樟科

形态特征：常绿中等乔木，树干粗短，树皮黄褐色；树冠平顶或扁圆。嫩枝基部有顶芽鳞片脱落后的疤痕数环至多环。叶倒卵形至倒卵状披针形，革质，正面黑绿色，有光泽，背面较淡，带粉白。花序顶生或在新枝上腋生，多花。果扁球形，成熟时黑紫色；果梗鲜红色。

花果期：花期2月，果期7月。

分布：华东，华南大部分地区及部分华中地区。

紫楠 *Phoebe sheareri* 属楠属 科樟科

形态特征：常绿大乔木。叶互生，革质，倒卵形至倒披针形，羽状脉。腋生圆锥花序，密被锈色绒毛。果肉质，卵形，基部包围以带有宿存直立裂片的杯状花被管；果梗有绒毛。

花果期：花期4~5月，果期9~10月。

分布：广布南方各地区。

檫木 *Sassafras tzumu* 属檫木属 科樟科

形态特征：落叶大乔木，树皮黄绿色有光泽，老后变成灰色，有纵裂。叶于枝端互生，卵形或倒卵形，全缘或2~3浅裂，具羽状脉或3出脉。短圆锥花序顶生，先于叶发出；花两性。果近球形，蓝黑色而带有白蜡状粉末，生于杯状果托上；果托和果梗红色。

花果期：花期3~4月，果期5~9月。

分布：长江以南大部分地区。

金钱蒲 *Acorus gramineus* 属菖蒲属 科菖蒲科

形态特征：多年生草本。根茎较短，呈丛生状，横走或斜伸，芳香，外皮淡黄色；根肉质，须根密集。叶基对折，两侧膜质叶鞘棕色，脱落；叶片质地较厚，线形，绿色，平行脉多数。叶状佛焰苞短，肉穗花序黄绿色，圆柱形。果黄绿色。

花果期：花期5~6月，果7~8月成熟。

分布：各地常栽培。

一把伞南星 *Arisaema erubescens* 属天南星属 科天南星科

形态特征：多年生草本。块茎扁球形，表皮黄色。鳞叶绿白色、粉红色、有紫褐色斑纹。叶常1片，叶柄长，中部以下具鞘；叶片放射状分裂，形状似伞。肉穗花序单性，花密。浆果红色。

花果期：花期5~7月，果9月成熟。

分布：华南的广大地区，部分华东、华北、西南和西北地区。

纤细薯蓣 *Dioscorea gracillima* 属薯蓣属 科薯蓣科

形态特征：缠绕草质藤本。根状茎横生，竹节状。茎左旋，无毛。单叶互生，有时在茎基部3~4片轮生；叶卵状心形，基部心形。雄花序无梗，常单生于叶腋。雌花序与雄花相似，有6枚退化雄蕊。蒴果三棱形，顶端截形。

花果期：花期5~8月，果6~10月成熟。

分布：部分华东和华中地区。

日本薯蓣 *Dioscorea japonica* 属薯蓣属 科薯蓣科

形态特征：缠绕草质藤本；茎右旋。块茎长圆柱形，外皮棕黄色，午时皱缩。单叶全缘，两面无毛；叶片纸质，变异大，通常为三角状披针形。叶腋内有各种大小形状不等的珠芽，雌雄异株。蒴果不反折，三棱状圆形；种子四周有膜质翅。

花果期：花期5~10月，果期7~11月。

分布：广布西南、华南、华中、华东各地区。

穿龙薯蓣 *Dioscorea nipponica* 属 薯蓣属 科 薯蓣科

形态特征：缠绕草质藤本，茎左旋。根状茎横生，圆柱形，多分枝，栓皮层显著剥离。单叶互生，叶片掌状心形，变化较大。花雌雄异株，雄花序为腋生的穗状花序。蒴果成熟后枯黄色，三棱形，每棱翅状；种子四周有薄膜状翅。

花果期：花期6~8月，果期8~10月。

分布：东北、华北、部分华中和华东地区。

牯岭藜芦 *Veratrum schindleri* 属 藜芦属 科 藜芦科

形态特征：多年生草本，植株高约1m，基部具棕褐色带网眼的纤维网。叶在茎下部的宽椭圆形，有时狭矩圆形，两面无毛。圆锥花序长而扩展，具多数近等长的侧生总状花序；总轴和枝轴生灰白色绵状毛；花淡黄绿色、绿白色或褐色；子房卵状矩圆形。蒴果直立。

花果期：6~10月。

分布：华中，华东大部分和华南大部分地区。

少花万寿竹 *Disporum uniflorum* 属 万寿竹属 科 秋水仙科

形态特征： 多年生草本。根状茎肉质，横出。根簇生。茎直立，上部具叉状分枝。叶薄纸质至纸质，矩圆形、卵形、椭圆形至披针形，具横脉，脉上和边缘有乳头状突起。花黄色、绿黄色或白色，1~3朵着生于分枝顶端。浆果椭圆形或球形。

花果期： 花期3~6月，果期6~11月。

分布： 部分华东、西南、华北和东北地区。

菝葜 *Smilax china* 属 菝葜属 科 菝葜科

形态特征： 攀援灌木。根状茎粗厚，坚硬，为不规则的块状；茎上有疏刺。叶薄革质或坚纸质，圆形、卵形或其他形状。伞形花序生于幼嫩小枝上，具十几朵或更多的花，常呈球形；花绿黄色。浆果熟时红色，有粉霜。

花果期： 花期2~5月，果期9~11月。

分布： 华东、华中、华南、部分西南地区及西北地区。

小果菝葜 *Smilax davidiana* 属 菝葜属 科 菝葜科

形态特征：攀援灌木。具粗短的根状茎，茎上有疏刺。叶坚纸质，干后红褐色，通常椭圆形；叶柄较短，有细卷须；鞘耳状，明显比叶柄宽。伞形花序生于幼嫩小枝上，具几朵至10余朵花，多呈半球形。浆果熟时暗红色。

花果期：花期3～4月，果期10～11月。

分布：华南大部分地区，部分华东、华中、西南地区。

土茯苓 *Smilax glabra* 属 菝葜属 科 菝葜科

形态特征：攀援灌木。根状茎粗厚，块状，常由匍匐茎相连接。枝条光滑，无刺。叶薄革质，狭椭圆状披针形至狭卵状披针形；叶柄具狭鞘，有卷须。伞形花序通常具10余朵花；花绿白色，六棱状球形。浆果熟时紫黑色，具粉霜。

花果期：花期7～11月，果期11月至翌年4月。

分布：华东、华中、华南、西南和部分西北地区。

缘脉菝葜 *Smilax nervomarginata* 属 菝葜属 科 菝葜科

形态特征：攀援灌木。具粗短的根状茎。枝条有纵条纹，具很小的疣状突起，无刺。叶革质，矩圆形、椭圆形至卵状椭圆形；叶柄具鞘，有卷须。伞形花序生于叶腋或苞片腋部，具几朵至10余花。浆果。

花果期：花期4~5月，果期10月。

分布：部分华东、西南和华中地区。

牛尾菜 *Smilax riparia* 属 菝葜属 科 菝葜科

形态特征：多年生草质藤本。茎中空，有少量髓，干后凹瘪并具槽。叶厚革质，形状变化较大，绿色，无毛；叶柄中部以下有卷须。伞形花序。浆果。

花果期：花期6~7月，果期10月。

分布：全国各地均有分布。

野百合 *Lilium brownii* 属百合属 科百合科

形态特征：多年生草本。鳞茎球形；鳞片披针形，无节，白色。茎或有紫色条纹，有的下部有小乳头状突起。叶散生，通常自下向上渐小，披针形、窄披针形至条形，全缘，两面无毛。花单生或几朵排成近伞形；花喇叭形，有香气，乳白色，外面稍带紫色。蒴果矩圆形，有棱，具多数种子。

花果期：花期5~6月，果期9~10月。

分布：华东、华中、华南及部分西南、西北、华北地区。

油点草 *Tricyrtis macropoda* 属油点草属 科百合科

形态特征：多年生草本。茎上具糙毛。叶卵状椭圆形、矩圆形至矩圆状披针形，叶基部心形抱茎或圆形而近无柄，边缘具短糙毛。二歧聚伞花序顶生或生于上部叶腋，苞片很小；花疏散，绿白色或白色，内面具多数紫红色斑点。蒴果。

花果期：6~10月。

分布：华东、华中、华南、部分西南和西北地区。

春兰 *Cymbidium goeringii* 属兰属 科兰科

形态特征：地生草本，假鳞茎集生成丛。叶丛生，狭带形，边缘具细锯齿。花葶直立，远比叶短，被长鞘；花单生，浅黄绿色，有清香气；萼片近相等，狭矩圆形，中脉基部具紫褐色条纹。

花果期：花期1~3月。

分布：华东、华中、华南、部分西南和西北地区。

斑叶兰 *Goodyera schlechtendaliana* 属斑叶兰属 科兰科

形态特征：地生草本。根状茎匍匐，具节。叶片卵形或卵状披针形，具白色不规则的点状斑纹；叶柄基部扩大成抱茎的鞘。花茎直立，被长柔毛，具3~5枚鞘状苞片；总状花序具多数小花，白色或带粉红色，半张开；萼片背面被柔毛，中萼片与花瓣粘合呈兜状。

花果期：花期8~10月。

分布：黄河流域以南至西南各省。

萱草 *Hemerocallis fulva* 属萱草属 科阿福花科

形态特征：多年生宿根草本，高1m以上。根近肉质，中下部有纺锤状膨大。叶基生成丛，条状披针形，背面被白粉。圆锥花序顶生，花早开晚谢，无香味，桔红色至桔黄色，花被基部粗短漏斗状，开展，向外反卷，内花被裂片下部一般有八形采斑。蒴果嫩绿色，背裂，种子亮黑色。

花果期：5~7月。

分布：华东、华中、华南、西南、部分西北和华北地区。

藠(jiào)头 *Allium chinense* 属葱属 科石蒜科

形态特征：多年生草本。鳞茎数枚聚生；鳞茎外皮白色或带红色，膜质，不破裂。叶2~5枚，中空。花葶侧生，圆柱状，下部被叶鞘；伞形花序近半球状，较松散；花淡紫色至暗紫色；子房倒卵球状，腹缝线基部具有帘的凹陷蜜穴；花柱伸出花被外。

花果期：10~11月。

分布：华东大部地区和部分华中、华南、西南地区。

紫萼 *Hosta ventricosa* 属玉簪属 科天门冬科

形态特征：多年生草本。根状茎。叶卵状心形、卵形至卵圆形，具7~11对侧脉。花单生，多数，盛开时从花被管向上骤然作近漏斗状扩大，紫红色；雄蕊伸出花被之外，完全离生。蒴果圆柱状，有三棱。

花果期：花期6~7月，果期7~9月。

分布：部分华南、华东、华中、西南地区。

沿阶草 *Ophiopogon bodinieri* 属沿阶草属 科天门冬科

形态特征：多年生草本。根纤细，近末端处有时具膨大成纺锤形的小块根。地下走茎长，节上具膜质的鞘；茎很短。叶基生成丛，禾叶状，边缘具细锯齿。花葶伸出，总状花序，花常单生或2朵簇生于苞片腋内；白色或稍带紫色。种子近球形。

花果期：花期6~8月，果期8~10月。

分布：部分西北、西南、华东和华中地区。

麦冬 *Ophiopogon japonicus* 属沿阶草属 科天门冬科

形态特征：多年生草本。根较粗，中间或近末端常膨大成椭圆形或纺锤形的小块根。地下走茎细长，节上具膜质的鞘；茎很短。叶基生成丛，禾叶状，边缘具细锯齿。花葶比叶短得多，总状花序，花单生或成对着生于苞片腋内；白色或淡紫色。种子球形。

花果期：花期5~8月，果期8~9月。

分布：华东、华中、华南及部分西南、西北和华北地区。

多花黄精 *Polygonatum cyrtonema* 属黄精属 科天门冬科

形态特征：多年生草本。根状茎肥厚，通常连珠状或结节成块。叶互生，椭圆形、卵状披针形。伞形花序；花被黄绿色；花丝具乳头状突起至具短绵毛，顶端稍膨大乃至具囊状突起。浆果黑色。

花果期：花期5~6月，果期8~10月。

分布：华中、华东、华南大部地区和部分西南地区。

长梗黄精 *Polygonatum filipes* 属 黄精属 科 天门冬科

形态特征：多年生草本。根状茎连珠状或有时“节间”稍长。叶互生、矩圆状披针形至椭圆形，背面脉上有短毛。花序具2~7花，总花梗细丝长，长3~8cm，花淡黄绿色，筒内花丝贴生部分稍具短绵毛。浆果，具2~5颗种子。

花果期：花期5~6月，果期8~10月。

分布：华南、华东大部分地区，部分华中地区。

鸭跖草 *Commelina communis* 属 鸭跖草属 科 鸭跖草科

形态特征：一年生披散草本。茎匍匐生根，多分枝，长可达1m，下部无毛，上部被短毛。叶披针形至卵状披针形。总苞片佛焰苞状，与叶对生，折叠状，展开后为心形，边缘常有硬毛；聚伞花序，花瓣深蓝色；萼片膜质。蒴果椭圆形，种子有不规则窝孔。

花果期：花期5~9月，果期6~10月。

分布：华东、华中、华南，部分西南、西北和东北地区。

野灯心草 *Juncus setchuensis* 属灯心草属 科灯心草科

形态特征：多年生草本。根状茎横走或短缩。茎簇生，有纵条纹。芽包叶鞘状或鳞片状，围生于茎基部，叶片退化呈刺芒状。花序假侧生，聚伞状；总苞片似茎的延伸，直或稍弓曲；花瓣边缘膜质。蒴果长于花被，卵状或近球状。

花果期：花期5~7月，果期6~9月。

分布：华东、华中、西南、华南和部分华北、西北地区。

中华薹草 *Carex chinensis* 属薹草属 科莎草科

形态特征：多年生草本。根状茎木质，丛生；秆中生，纤细，有钝三棱，基部具褐棕色呈纤维状分裂的枯死叶鞘。叶长于秆，边缘外卷。小穗4~5个，疏远；果囊成熟后开展，黄绿色，疏被短柔毛；小坚果菱形，顶端具短喙。

花果期：4~6月。

分布：部分华南、西北、华东、华中和西南地区。

签草 *Carex doniana* 属薹草属 科莎草科

形态特征：多年生草本。根状茎短，具细长的地下匍匐茎。秆三棱形，基部具叶鞘，后期常开裂。叶平张，质柔软，具两条明显的侧脉，具鞘。小穗3~6个，顶生为雄小穗，侧生为雌小穗。小坚果稍松地包于果囊内，顶端具小短尖。

花果期：4~10月。

分布：部分华南、华中、西北、华东和西南地区。

福建薹草 *Carex fokienensis* 属薹草属 科莎草科

形态特征：多年生草本。根状茎粗短。秆丛生，粗壮，三棱形，基部具淡褐色的纤维状老叶鞘。叶片边缘略粗糙。苞片叶状，具苞鞘。小穗8~10个，顶生雄性，棍棒状，侧生雌性，圆柱形。雄花少数，雌花鳞片淡绿色或苍绿色。果囊长卵球形，淡绿色；小坚果菱状卵球形，三棱状，褐黑色。

花果期：4~8月。

分布：浙江、福建、贵州。

穿孔薹草 *Carex foraminata* 属 薹草属 科 莎草科

形态特征：多年生草本。根状茎粗壮，外被撕裂的纤维。秆三棱形，平滑，基部具暗褐色无叶片的叶鞘。叶平张，革质，两面平滑，边缘粗糙。小穗4~6个，顶生小穗雄性，侧生小穗雌性。小坚果紧包于果囊中，短长方形，基部具短而弯的柄。

花果期：4~5月。

分布：华东大部分地区和部分西南地区。

套鞘薹草 *Carex maubertiana* 属 薹草属 科 莎草科

形态特征：多年生草本。根状茎粗短，木质。秆丛生，钝三棱形，基部具鞘。叶较密生，较坚挺，边缘稍外卷，背面有明显的小横隔脉，叶鞘包秆，鞘口具明显的紫红色叶舌。小穗6~9个；果囊膜质，黄绿色，具锈色短条纹。小坚果紧包于果囊内，基部急狭成短柄，顶端急尖。

花果期：6~9月。

分布：部分华东、华中和西南地区。

茅叶荩草 *Arthraxon prionodes* 属荩草属 科禾本科

形态特征：多年生草本。秆直立或基部平卧而于节上生根。叶片披针形至卵状披针形，基部心形抱茎，边缘有疣基纤毛。总状花序指状排列；穗轴逐节断落，节间有纤毛；小穗成对生于各节。

花果期：7~10月。

分布：华东、华中、西南大部分地区及部分华北地区。

阔叶箬竹 *Indocalamus latifolius* 属箬竹属 科禾本科

形态特征：多年生，竿高可达2m，节间被微毛，竿环略高。无叶耳；叶片长圆状披针形，下表面灰白色或灰白绿色，小横脉明显，形成近方格形，叶缘生有小刺毛。圆锥花序，其基部为叶鞘所包裹；小穗常带紫色，几呈圆柱形，含5~9朵小花；花药紫色或黄带紫色；柱头羽毛状。

笋期：4~5月。

分布：部分西北、华东和华中地区。

淡竹叶 *Lophatherum gracile* 属淡竹叶属 科禾本科

形态特征： 多年生，具木质根头。须根中部膨大呈纺锤形小块根。秆直立，疏丛生，具5~6节。叶鞘平滑或外侧边缘具纤毛；叶舌质硬，褐色，背有糙毛；叶片披针形，具横脉，有时被柔毛或疣基小刺毛，基部收窄成柄状。圆锥花序，小穗线状披针形。颖果长椭圆形。

花果期： 6~10月。

分布： 华东、华南，部分华中、西南地区。

芒 *Miscanthus sinensis* 属芒属 科禾本科

形态特征： 多年生苇状草本，秆高1~2m。叶片线形，下面疏生柔毛及被白粉，边缘粗糙。圆锥花序直立；小穗披针形，黄色有光泽，基盘具等长于小穗的白色或淡黄色的丝状毛；雄蕊先于雌蕊成熟；柱头羽状，紫褐色，从小穗中部之两侧伸出。颖果长圆形，暗紫色。

花果期： 7~12月。

分布： 华东、华南及部分华中、西南、华北、东北地区。

求米草 *Oplismenus undulatifolius* 属 求米草属 科 禾本科

形态特征：多年生草本。秆纤细，基部平卧地面，节处生根。叶鞘密被疣基毛；叶舌膜质，短小；叶片扁平，披针形至卵状披针形，通常具细毛。圆锥花序，小穗卵圆形，被硬刺毛，簇生于主轴或部份孪生；颖草质；鳞被膜质；雄蕊3；花柱基分离。

花果期：7～11月。

分布：华东、华中、华南及部分西南、华北地区。

狼尾草 *Pennisetum alopecuroides* 属 狼尾草属 科 禾本科

形态特征：多年生草本。须根较粗壮。秆直立，丛生，在花序下密生柔毛。叶鞘光滑，两侧压扁，主脉呈脊；叶舌具纤毛；叶片线形，基部生疣毛。圆锥花序直立，主轴密生柔毛；刚毛粗糙，淡绿色或紫色；小穗通常单生，线状披针形。颖果长圆形。

花果期：夏秋季。

分布：部分华东、西南、华南、华中、华北和东北地区。

毛竹 *Phyllostachys edulis* 属 刚竹属 科 禾本科

形态特征：高大竹类，地下茎为单轴型。竿高可达20 m，节间为圆筒形，节下生有细毛和蜡粉。箨鞘厚革质，背面密生棕紫色小刺毛和斑点；叶片窄披针形，小横脉显著。花枝单生，不具叶，小穗丛形如穗状花序，外被有覆瓦状的佛焰苞；小穗含2花，一成熟一退化。

花果期：笋期4月，花期5~8月。

分布：长江流域以南各地区。

夏天无 *Corydalis decumbens* 属 紫堇属 科 罂粟科

形态特征：多年生草本，低矮，入夏之际地上部分枯萎。叶二回三出，小叶片倒卵圆形，全缘或深裂。总状花序；花近白色至淡粉红色或淡蓝色；外花瓣顶端下凹，常具狭鸡冠状突起；内花瓣具超出顶端的宽而圆的鸡冠状突起。蒴果线形，扭曲。种子具龙骨状突起和泡状小突起。

花果期：花期2~4月，果期3~5月。

分布：华东、华中及部分西北地区。

土元胡 *Corydalis humosa* 属紫堇属 科罂粟科

形态特征：多年生草本。块茎球形；茎纤细，基部以上具1鳞片，叶生于鳞片以上。叶二回三出，小叶椭圆形，下部苍白色。总状花序疏离；苞片卵圆形至卵状披针形，花白色；上花瓣顶端微凹；下花瓣基部具下延的小囊状突起；内花瓣顶端带紫红色。蒴果卵圆形。种子具钝的圆锥状突起。

花果期：4~5月。

分布：浙江。

黄堇 *Corydalis pallida* 属紫堇属 科罂粟科

形态特征：一年生草本无毛，具直根。茎生叶片下面有白粉，轮廓卵形，二至三回羽状全裂。总状花序，花淡黄色。蒴果串珠状。种子黑色，扁球形，密生圆锥伏小突起。

花果期：花期4~5月，果期5~6月。

分布：全国广布。

地锦苗 *Corydalis sheareri* 属 紫堇属 科 罂粟科

形态特征：多年生草本。块茎近球形或短圆柱形。茎1～2条，低矮，无毛，通常在上部分枝。基生叶及茎下部叶具长柄，无毛；叶片二回羽状全裂。总状花序，花粉红色或淡紫色。蒴果近条形。全草入药。

花果期：3～6月。

分布：华东、华中、华南及部分西南、西北地区。

博落回 *Macleaya cordata* 属 博落回属 科 罂粟科

形态特征：直立草本，基部木质化，具乳黄色浆汁。茎光滑，多白粉，中空。叶片宽卵形或近圆形，开裂，背面多白粉，被易脱落的细绒毛，基出脉通常5。大型圆锥花序多花；萼片舟状，黄白色；无花瓣。蒴果狭倒卵形或倒披针形。种皮具排成行的蜂窝状孔穴。

花果期：6～11月。

分布：部分华东、华中、华南、西南和西北地区。

鹰爪枫 *Holboellia coriacea* 属八月瓜属 科木通科

形态特征：常绿木质藤本。掌状复叶有小叶3片；小叶厚革质，常为椭圆形或卵状椭圆形，基部三出脉。花雌雄同株，白绿色或紫色，花瓣极小，近圆形。果长圆状柱形，熟时紫色，干后黑色，外面密布小疣点。

花果期：花期4～5月，果期6～8月。

分布：部分华东、华中、西南和西北地区。

显脉野木瓜 *Stauntonia conspicua* 属野木瓜属 科木通科

形态特征：木质藤本。老茎灰褐色，纵裂，幼茎绿色，具线纹。掌状复叶具小叶3片；小叶厚革质，长圆形或卵状长圆形，边缘向下反卷；基部具三出脉。伞房式总状花序与幼枝同自叶腋抽出，基部为短而阔的芽鳞片所包。果椭圆状，熟时黄色。种子阔卵形，黑色，有光泽。

花果期：花期5月，果期10月。

分布：部分华东、华中和华南地区。

倒卵叶野木瓜 *Stauntonia obovata* 属野木瓜属 科木通科

形态特征：木质藤本，全体无毛。茎和枝纤细，有线纹。掌状复叶，小叶3~5片；小叶薄革质，形状和大小变化很大，通常倒卵形，边缘略背卷。总状花序2~3个簇生于叶腋，少花；花雌雄同株，白带淡黄色；雄花无花瓣。果椭圆形或卵形，果皮外面密布小疣点。

花果期：花期2~4月，果期9~11月。

分布：广布南方地区。

风龙 *Sinomenium acutum* 属风龙属 科防己科

形态特征：木质大藤本，长可达20余米。老茎灰色，树皮有不规则纵裂纹，枝圆柱状，有规则的条纹。叶革质至纸质，心状圆形至阔卵形，掌状脉，连同网状小脉均在下面明显凸起。圆锥花序较长，苞片线状披针形。核果红色至暗紫色。

花果期：花期夏季，果期秋末。

分布：部分华南、华东、华中、西南地区。

六角莲 *Dysosma pleiantha* 属鬼臼属 科小檗科

形态特征：多年生草本。根状茎粗壮，横走，呈圆形结节，多须根；茎直立，单生，顶端生二叶，无毛。叶近纸质，对生，盾状，轮廓近圆形，浅裂，边缘具细刺齿。花紫红色，下垂。浆果倒卵状长圆形或椭圆形，熟时紫黑色。根状茎药用。

花果期：花期3~6月，果期7~9月。

分布：华中、华南、华东大部分地区及部分西南地区。

三枝九叶草 *Epimedium sagittatum* 属淫羊藿属 科小檗科

形态特征：多年生草本。根状茎质硬，多须根。基生叶1~3，三出复叶；小叶卵状披针形，两侧小叶基部呈不对称心形浅裂，边缘有细刺毛。圆锥花序或总状花序顶生；花多数，萼片外有紫色斑点，内轮白色，呈花瓣状；花黄色，有短距。蓇葖果卵圆形。全草药用。

花果期：花期4~5月，果期5~7月。

分布：华东、华南、华中大部分地区及部分西南和西北地区。

单叶铁线莲 *Clematis henryi* 属铁线莲属 科毛茛科

形态特征：木质藤本。主根下部膨大成瘤状或地瓜状，表面淡褐色，内部白色。单叶卵状披针形，边缘具浅齿。聚伞花序腋生；花钟状；花丝线形，具长柔毛，长过花药；花柱被绢状毛。瘦果狭卵形，花柱宿存。根、叶药用。

花果期：花期11～12月，果期翌年3～4月。

分布：华东、华中、华南和部分西南、西北地区。

圆锥铁线莲 *Clematis terniflora* 属铁线莲属 科毛茛科

形态特征：木质藤本。一回羽状复叶，通常5小叶，小叶狭卵形至宽卵形，全缘，下面网脉突出。圆锥状聚伞花序腋生或顶生，多花；萼片常4，开展，白色。瘦果橙黄色，有贴伏柔毛，花柱宿存。根入药。

花果期：花期6～8月，果期8～11月。

分布：东北地区和部分华东、华中、华北、西北地区。

毛茛 *Ranunculus japonicus* 属毛茛属 科毛茛科

形态特征：多年生草本，茎、叶柄被贴伏柔毛。叶片心状五角形，3深裂，疏生锯齿；叶柄长达15cm；茎中部叶具短柄，上部叶无柄。聚伞花序有多数花，疏散，黄色，基部有蜜槽。聚合果近球形。全草具毒，可药用。

花果期：4～9月。

分布：自华南至东北地区广布。

天葵 *Semiaquilegia adoxoides* 属天葵属 科毛茛科

形态特征：多年生小草本。茎疏被白色柔毛，分歧。基生叶多数，为掌状三出复叶；小叶扇状菱形或倒卵状菱形，三深裂；叶柄基部扩大呈鞘状。花小；萼片白色常带淡紫；花瓣匙形，基部凸起呈囊状。蓇葖具凸起的横向脉纹。根药用。

花果期：花期3～4月，果期4～5月。

分布：华东、华中和部分华南、西南、西北和华北地区。

尖叶唐松草 *Thalictrum acutifolium* 属唐松草属 科毛茛科

形态特征：多年生草本。根肉质，胡萝卜形。基生叶1~3，具长柄，为二至三回三出复叶；小叶卵形，边缘具疏牙齿。复单歧聚伞花序稍呈伞房状，无毛；萼片4，白或带粉红色；无花瓣；子房具长柄。瘦果扁，狭椭圆形。

花果期：花期4~7月。

分布：华东、华中、华南地区和部分西南地区。

垂枝泡花树 *Meliosma flexuosa* 属泡花树属 科清风藤科

形态特征：小乔木。芽、嫩枝、嫩叶中脉、花序轴均被淡褐色长柔毛，腋芽通常两枚并生。单叶，膜质，倒卵形或倒卵状椭圆形，边缘具粗锯齿，疏被短柔毛，中脉伸出成凸尖。圆锥花序顶生，向下弯垂；花白色。果近卵形，核极扁斜，具明显凸起细网纹。

花果期：花期5~6月，果期7~9月。

分布：部分华东、华中、西南、华南和西北地区。

鄂西清风藤 *Sabia campanulata* subsp. *ritchieae* 属清风藤属 科清风藤科

形态特征：落叶攀援木质藤本。小枝有褐色斑点、斑纹及纵条纹。叶膜质，长圆形或长圆状卵形，叶面深绿色，有毛；叶柄被长柔毛。花深紫色，单生于叶腋；花盘肿胀，边缘环状。分果爿阔倒卵形；果核中肋两边有蜂窝状凹穴。

花果期：花期5月，果期7月。

分布：部分华东、华中、华南、西南和西北地区。

枫香树 *Liquidambar formosana* 属枫香树属 科蕈树科

形态特征：落叶大乔木，树皮方块状剥落。叶薄革质，阔卵形，掌状3裂；掌状脉明显；叶柄长。雄性短穗状花序常多个排成总状；雌性头状花序多花。头状果序圆球形，蒴果下半部藏于花序轴内，有宿存花柱及针刺状萼齿。可供药用及材用。

花果期：花期3～4月，果期10月。

分布：部分华东、华中、华南和西南地区。

蜡瓣花 *Corylopsis sinensis* 属 蜡瓣花属 科 金缕梅科

形态特征：落叶灌木。嫩枝有柔毛，老枝秃净，有皮孔。叶薄革质，倒卵圆形或倒卵形，背面有灰褐色星状柔毛；边缘有锯齿，齿尖刺毛状；托叶窄矩形。总状花序；花瓣匙形。蒴果近圆球形，被褐色柔毛。

花果期：花期3～4月，果期9～11月。

分布：南方大部分地区。

檵木 *Loropetalum chinense* 属 檵木属 科 金缕梅科

形态特征：灌木或小乔木，小枝有星毛。叶革质，卵形，全缘，叶背被星毛，稍带灰白色；托叶膜质，三角状披针形，早落。花白色3～8朵簇生，早于或与新叶同放。蒴果卵圆形，被褐色星状绒毛。种子黑色，发亮。

花果期：花期3～4月。

分布：我国长江流域以南各地区。

峨眉鼠刺 *Itea omeiensis* 属 鼠刺属 科 鼠刺科

形态特征：灌木或小乔木。幼枝黄绿色，老枝棕褐色有纵棱。叶薄革质，长圆形，边缘有极明显的密集细锯齿。腋生总状花序，基部有叶状苞片，花繁密；萼筒浅杯状，被疏柔毛；花瓣白色，披针形。蒴果被柔毛。可作观赏树。

花果期：花期3~5月，果期6~12月。

分布：南方大部分地区。

柔毛金腰 *Chrysosplenium pilosum* var. *valdepilosum* 属 金腰属 科 虎耳草科

形态特征：多年生草本，低矮。叶对生，扇形，茎生叶具明显钝齿，背面和边缘具褐色柔毛；叶柄、花茎具褐色柔毛。聚伞花序；苞叶近扇形，边缘具钝齿；萼片具褐色斑点；子房半下位；无花盘。蒴果。种子黑褐色，具较浅纵沟和纵肋。

花果期：4~7月。

分布：西北至东北及部分华东、华中地区。

虎耳草 *Saxifraga stolonifera* 属 虎耳草属 科 虎耳草科

形态特征：多年生草本。有细长的匍匐茎。叶片肾形，浅裂，边缘有齿，两面有长伏毛，背面常红紫色或有斑点。圆锥花序稀疏；花梗有短腺毛；花不整齐；花白色有红斑点。全草入药。

花果期：4~11月。

分布：华东、华中、华南及部分西南、西北地区。

东南景天 *Sedum alfredii* 属 景天属 科 景天科

形态特征：多年生草本。茎斜上，单生或上部有分枝，低矮。叶互生，下部叶常脱落，上部叶常聚生，线状楔形、匙形至匙状倒卵形，有距，全缘。聚伞花序，多花；苞片似叶而小；花黄色。蓇葖斜叉开。种子褐色。

花果期：花期4~5月，果期6~8月。

分布：南方地区广布。

爪瓣景天 *Sedum onychopetalum* 属景天属 科景天科

形态特征：多年生草本。根须状，植株无毛，带紫色。叶宽线形或披针形，对生或轮生，先端钝，基部有短距。花茎数个丛生，近直立。聚伞花序蝎尾状，顶生，多花；苞片近长圆形；花瓣5，黄色，披针形。蓇葖种子多数；种子被微乳头状突起。

花果期：花期4~5月，果期5~6月。

分布：浙江、江苏、安徽。

山地乌蔹莓 *Causonis montana* 属乌蔹莓属 科葡萄科

形态特征：多年生草质藤本。小枝具纵棱，疏被微柔毛；卷须2至3分枝。鸟足状5小叶复叶，中央小叶片较大，叶纸质，边缘每侧有12~22锯齿，上面常具绢状光泽。复伞房状多歧聚伞花序腋生或假顶生，花盘橙红色、玫红色、淡紫色或紫红色。浆果近球形，成熟时由绿色变为白色、淡蓝紫色，再转为黑色。

花果期：花期5月中旬至8月上旬，果期7月至10月中旬。

分布：浙江、安徽、江西、福建等地。

广东牛果藤 *Nekemias cantoniensis* 属 牛果藤属 科 葡萄科

形态特征：木质藤本。茎粗壮，有时具红色气生根；小枝圆柱形，微具纵棱，被短柔毛；卷须2分枝。二回羽状复叶或小枝上部着生有一回羽状复叶，小叶片薄革质，卵形或卵状长圆形，边缘具稀疏钝齿。伞房状多歧聚伞花序与叶对生或假顶生。浆果倒卵状球形，成熟时由红色转为紫黑色。

花果期：花期6~8月，果期9~10月。

分布：华南、西南及部分华东、华中等地。

葛藟(lěi)葡萄 *Vitis flexuosa* 属 葡萄属 科 葡萄科

形态特征：木质藤本。枝条细长，幼枝有灰白色绒毛。叶宽卵形或三角状卵形，边缘有不等的波状齿，主脉和脉腋有柔毛；叶柄有灰白色蛛丝状绒毛。圆锥花序细长，花序轴有白色丝状毛；花小，黄绿色。浆果球形，黑色。根、茎和果实药用。

花果期：花期3~5月，果期7~11月。

分布：华东、华中、华南至西北地区。

温州葡萄 *Vitis wenchowensis* 属葡萄属 科葡萄科

形态特征： 木质藤本。小枝纤细，有纵棱，无毛和皮刺；卷须不分枝。叶片薄革质，三角状戟形或三角状长卵形，边缘具粗牙齿，正面亮绿色，背面紫红色或淡紫红色，具白粉。圆锥花序下部有分枝，花序梗无毛。浆果近球形，成熟时呈黑色。

花果期： 花期5～6月，果期6～7月。

分布： 浙江。

山槐 *Albizia kalkora* 属合欢属 科豆科

形态特征： 落叶小乔木或灌木。枝条被短柔毛，有显著皮孔。二回羽状复叶；小叶长圆形或长圆状卵形，被短柔毛，中脉稍偏于上侧。头状花序腋生，或于枝顶排成圆锥花序；花初白色，后变黄；花冠中部以下连合呈管状毛。荚果带状，深棕色。

花果期： 花期5～6月；果期8～10月。

分布： 华北、西北、华东、华南至西南部各区。

两型豆 *Amphicarpaea edgeworthii* 属 两型豆属 科 豆科

形态特征：一年生缠绕草本。茎纤细，被柔毛。羽状3小叶；顶生小叶菱状卵形或扁卵形，基出脉3。花二型：生在茎上部的为正常花，排成腋生的短总状花序，花冠淡紫色或白色；生于下部的为闭锁花，无花瓣，子房伸入地下结实。荚果二型；完全花结的荚果被淡褐色柔毛，种子2~3颗；闭锁花结的荚果内含一粒种子。

花果期：8~11月。

分布：东北、华北、西南、华中、华东及部分西北和华南地区。

紫云英 *Astragalus sinicus* 属 黄芪属 科 豆科

形态特征：二年生草本，匍匐，被白色疏柔毛。奇数羽状复叶；托叶离生；小叶倒卵形或椭圆形，下面散生白色柔毛。总状花序呈伞形；花萼钟状，被白色柔毛；花冠紫红色或橙黄色，由旗瓣和翼瓣组成，基部具短耳。荚果线状长圆形，具短喙和隆起的网纹。

花果期：花期2~6月，果期3~7月。

分布：长江流域各地区。

云实 *Biancaea decapetala* 属云实属 科豆科

形态特征：藤本。树皮暗红色，枝、叶轴和花序均被柔毛和钩刺。二回羽状复叶；小叶膜质，长圆形。总状花序顶生；花瓣黄色，膜质，盛开时反卷；花易脱落。荚果脆革质，栗褐色，沿腹缝线膨胀成狭翅，成熟时开裂。根、茎及果药用。

花果期：4~10月。

分布：部分西北、华北地区及长江流域以南各省。

香花鸡血藤 *Callerya dielsiana* 属鸡血藤属 科豆科

形态特征：攀援灌木。茎皮灰褐色，剥裂。羽状复叶，小叶2对，纸质，披针形至狭长圆形，侧脉近边缘环结；小托叶锥刺状。圆锥花序顶生，宽大；花单生，花冠紫红色，旗瓣密被绢毛。荚果长圆形，密被灰色茸毛，果瓣木质。

花果期：花期5~9月，果期6~11月。

分布：部分西北地区及南方各地区广布。

笐子梢 *Campylotropis macrocarpa* 属 笐子梢属 科 豆科

形态特征：灌木，高达2.5m。幼枝密生白色短柔毛。羽状复叶3小叶，顶生小叶矩圆形或椭圆形，脉网明显，下面有淡黄色柔毛，侧生小叶较小。总状花序腋生；花萼宽钟状，贴生短柔毛；花冠紫色。荚果斜椭圆形，膜质，具明显脉网。

花果期：5~10月。

分布：东南沿海至甘肃、西藏广布。

黄檀 *Dalbergia hupeana* 属 黄檀属 科 豆科

形态特征：大乔木。树皮暗灰色，呈薄片状剥落。羽状复叶；小叶3~5对，近革质，椭圆形至长圆状椭圆形，细脉隆起，叶面有光泽。圆锥花序，花密集；花萼钟状；花冠白色或淡紫色，翼瓣倒卵形，龙骨瓣半月形，均具耳。荚果长圆形，基部成果颈。

花果期：花期5~7月。

分布：山东及南方各省广布。

尖叶长柄山蚂蝗 *Hylodesmum podocarpum* subsp. *oxyphyllum* 属 长柄山蚂蝗属 科 豆科

形态特征：直立草本。茎具条纹，疏被短柔毛。叶为羽状三出复叶，小叶3；托叶钻形，被毛；小叶纸质，顶生小叶菱形，全缘，侧生小叶斜卵形，较小。总状花序或圆锥花序；花冠紫红色。荚果背缝线弯曲，节间深凹入达腹缝线。全株药用。

花果期：8~9月。

分布：产秦岭淮河以南各区。

宁波木蓝 *Indigofera decora* var. *cooperi* 属 木蓝属 科 豆科

形态特征：灌木。茎圆柱形或有棱。羽状复叶；小叶6~11对，互生或对生，叶轴明显具槽。总状花序直立；苞片早落；花萼杯状，萼齿近披针形，常与萼筒等长；花冠淡紫色或粉红色，稀白色。荚果棕褐色，内果皮有紫色斑点。

花果期：花期4~6月，果期6~10月。

分布：浙江、江西、福建。

华东木蓝 *Indigofera fortunei* 属木蓝属 科豆科

形态特征：灌木。茎直立，分枝有棱。羽状复叶，叶轴具浅槽；小叶3~7对，对生，间有互生，细脉明显。总状花序；花萼斜杯状，外面疏生丁字毛，萼齿三角形；花冠紫红色或粉红色。荚果褐色，开裂后果瓣旋卷。内果皮具斑点。

花果期：花期4~5月，果期5~9月。

分布：陕西及华东、华中部分地区。

大叶胡枝子 *Lespedeza davidii* 属胡枝子属 科豆科

形态特征：直立灌木。枝条较粗壮，有明显的条棱，密被长柔毛。小叶宽卵圆形或宽倒卵形，全缘，密被黄白色绢毛。总状花序腋生或于枝顶形成圆锥花序，花稍密集；花萼阔钟形，深裂；花红紫色。荚果卵形，表面具网纹和稍密的绢毛。

花果期：花期7~9月，果期9~10月。

分布：广布南方各地区（不含湖北、云南）。

铁马鞭 *Lespedeza pilosa* 属胡枝子属 科豆科

形态特征：多年生草本。全株密被长柔毛，茎平卧，细长，匍匐地面。羽状复叶具3小叶；小叶宽倒卵形或倒卵圆形，密被长毛，有小刺尖。总状花序腋生，小苞片2，披针状钻形；花冠黄白色或白色。荚果凸镜状，密被长毛，先端具尖喙。全株药用。

花果期：花期7~9月，果期9~10月。

分布：华东、华南、华中、西北部分地区及西南。

美丽胡枝子 *Lespedeza thunbergii* subsp. *formosa* 属胡枝子属 科豆科

形态特征：直立灌木。多分枝，小枝稍具棱，被疏柔毛。顶生小叶椭圆形、长圆状椭圆形或卵形，上面绿色，稍被短柔毛，下面淡绿色。总状花序腋生，或排成顶生的圆锥花序；花冠紫红色，旗瓣近圆形或稍长，先端圆，翼瓣最短，龙骨瓣在花盛开时通常长于旗瓣。荚果倒卵形或倒卵状长圆形，表面具网纹且被疏柔毛。

花果期：花期7~9月，果期9~10月。

分布：华东、华南、华北。

香港远志 *Polygala hongkongensis* 属远志属 科远志科

形态特征：草本至亚灌木。茎、枝被卷曲短柔毛。叶膜质至厚纸质，下部叶卵形，上部叶披针形。总状花序顶生；花白色或紫色，龙骨瓣盔状，具流苏状鸡冠状附属物；花丝2/3以下合生成鞘。蒴果近圆形，具宽翅。种子被白色柔毛。

花果期：花期5~6月，果期6~7月。

分布：南方大部分地区及新疆。

狭叶香港远志 *Polygala hongkongensis* var. *stenophylla* 属远志属 科远志科

形态特征：草本至亚灌木，茎、枝被卷曲短柔毛。叶狭披针形，小。总状花序顶；花白色或紫色，龙骨瓣盔状，具流苏状鸡冠状附属物；花丝4/5以下合生成鞘。蒴果近圆形，具宽翅；种子黑色，被白色细柔毛。

花果期：花期5~6月，果期6~7月。

分布：华东、华南、华中部分地区。

龙牙草 *Agrimonia pilosa* 属龙牙草属 科蔷薇科

形态特征：多年生草本。根多呈块茎状。茎被柔毛。叶为间断奇数羽状复叶，小叶倒卵形，倒卵椭圆形或倒卵披针形，边缘有锯齿，有显著腺点。花序穗状总状顶生；苞片常深3裂；花瓣黄色。果实表面有肋，被疏柔毛，顶端有数层钩刺。全草入药，并可制栲胶、农药。

花果期：5~12月。

分布：全国各地。

桃 *Amygdalus persica* 属桃属 科蔷薇科

形态特征：落叶小乔木；树冠宽广而平展；老树皮粗糙呈鳞片状。叶片披针形，有锯齿。花单生，先于叶开放，花常粉红色。果实形状和大小均有变异，常在向阳面具红晕，密被短柔毛，腹缝明显。果肉多汁有香味，酸甜；核大，表面具沟纹和孔穴。

花果期：花期3~4月；果实成熟期因品种而异，通常为8~9月。

分布：除内蒙古外全国广布。

假升麻 *Aruncus sylvester* 属 假升麻属 科 蔷薇科

形态特征：多年生草本。基部木质化；茎圆柱形，无毛，带暗紫色。大型羽状复叶，通常二回稀三回；小叶片3~9，边缘有不规则的尖锐重锯齿。大型穗状圆锥花序；花瓣倒卵形，先端圆钝，白色。蓇葖果并立；萼片宿存。

花果期：花期6月，果期8~9月。

分布：东北、华中、西北东部、华东北部、西南等地区。

迎春樱桃 *Cerasus discoidea* 属 樱属 科 蔷薇科

形态特征：小乔木，树皮灰白色，小枝紫褐色。叶片倒卵状长圆形或长椭圆形，边有锯齿，齿端有小盘状腺体；托叶狭带形。花先叶开放或稀花叶同开，伞形花序有花2朵，基部常有褐色革质鳞片；花瓣粉红色，先端二裂。核果红色。

花果期：花期3月，果期5月。

分布：浙江、江西、安徽。

郁李 *Cerasus japonica* 属 樱属 科 蔷薇科

形态特征：灌木，小枝灰褐色，嫩枝绿色。叶片卵形或卵状披针形，边有重锯齿；托叶线形，边有腺齿。花1~3朵，簇生，花叶同开或先叶开放；花瓣白色或粉红色，倒卵状椭圆形。核果近球形，深红色。种仁入药。

花果期：花期5月，果期7~8月。

分布：辽宁、黑龙江、吉林、山东、浙江、河北、河南。

黄岗山樱 *Cerasus serrulata* var. *huanggangensis* 待发表 属 樱属 科 蔷薇科

形态特征：灌木。叶片纸质、椭圆形或卵状椭圆形，边缘有齿，齿端有腺体，叶脉上凹下凸；叶柄先端腺体。伞形花序有花2~3朵；总苞片褐红色；苞片绿色，被白色柔毛，具流苏状腺齿；萼片花后反折；花初开为白色，开后转淡红色。核果椭圆形，平滑（伊贤贵，2007）。

花果期：花期3~4月，果期4~5月。

分布：福建、浙江等地。

小花早樱 *Cerasus subhirtella* var. *miniflora* 待发表 属 樱属 科 蔷薇科

形态特征： 乔灌木，嫩枝黄绿色，密被黄色柔毛。幼叶红色，叶片长椭圆形，基部有1~2个腺体，边缘有尖锐重锯齿，两面密被柔毛；叶柄被柔毛；托叶线形分叉。伞形花序，花叶同放；总苞片、苞片边缘有腺齿；萼筒壶形管状，萼片花后稍反折；花瓣粉红色，先端二裂，花后期明显褐红色。核果黑色（伊贤贵，2007）。

花果期： 花期3~4月，果期5月。

分布： 浙江、福建。

野山楂 *Crataegus cuneata* 属 山楂属 科 蔷薇科

形态特征： 落叶灌木，高达 15 m，分枝密，通常具细刺。叶片宽倒卵形至倒卵状长圆形，重锯齿，叶脉显著；托叶大形，镰刀状。伞房花序，花白色，花瓣基部有短爪。果实红色或黄色，常具有宿存反折萼片或1苞片。果实可食用可入药。

花果期： 花期5~6月，果期9~11月。

分布： 华东、华中华南及部分西南地区。

棣棠 *Kerria japonica* 属 棣棠花属 科 蔷薇科

形态特征：落叶灌木。小枝绿色，常拱垂，嫩枝有棱角。叶互生，三角状卵形或卵圆形，边缘有尖锐重锯齿；托叶膜质，带状披针形，有缘毛，早落。单花，着生在当年生侧枝顶端；花瓣黄色，宽椭圆形，顶端下凹。瘦果表面有皱褶。茎髓入药。

花果期：花期4~6月，果期6~8月。

分布：华东、华中及部分西南、西北地区。

湖北海棠 *Malus hupehensis* 属 苹果属 科 蔷薇科

形态特征：乔木。冬芽卵形，鳞片疏生短柔毛，暗紫色。叶片卵形至卵状椭圆形，边缘有细锯齿，常呈紫红色；托叶早落。伞房花序，具花4~6朵；花瓣倒卵形，基部有短爪，粉白色或近白色。果实黄绿色稍带红晕。

花果期：花期4~5月，果期8~9月。

分布：华东、华中及华南、西北、西南部分地区。

◈ 橉木 *Padus buergeriana* 属稠李属 科蔷薇科

形态特征：落叶乔木。叶片椭圆形或长圆椭圆形，边缘有贴生锐锯齿；托叶膜质，边有腺齿，早落。总状花序具多花；花瓣白色，宽倒卵形，有短爪，着生在萼筒边缘。核果近球形或卵球形，黑褐色，萼片宿存。

花果期：花期4~5月，果期5~10月。

分布：广泛分布于华南、华东、华中、西南、西北大部分地区。

◈ 细齿稠李 *Padus obtusata* 属稠李属 科蔷薇科

形态特征：落叶乔木。老枝紫褐色，有散生浅色皮孔。叶片窄长圆形、椭圆形或倒卵形，边缘有细密锯齿，叶脉明显突起；托叶膜质，线形，边有带腺锯齿，早落。总状花序具多花；花瓣白色，开展，有短爪。核果卵球形，顶端有短尖头，黑色。

花果期：花期4~5月，果期6~10月。

分布：华东、华中、西南、西北的大部分地区。

中华石楠 *Photinia beauverdiana* 属石楠属 科蔷薇科

形态特征：落叶灌木或小乔木。小枝紫褐色，有散生灰色皮孔。叶片薄纸质，长圆形或卵状披针形，边缘有疏生具腺锯齿，正面光亮。花多数，成复伞房花序，总花梗密生疣点；花白色。果实紫红色，微有疣点，先端萼片宿存。

花果期：花期5月，果期7～8月。

分布：广布南方地区和部分西北地区。

绒毛石楠 *Photinia schneideriana* 属石楠属 科蔷薇科

形态特征：灌木或小乔木。一年生枝紫褐色，老时带灰褐色，具梭形皮孔。叶片长圆披针形或长椭圆形，边缘有锐锯齿。花多数，成顶生复伞房花序；花瓣白色，近圆形，先端钝，基部有短爪。果实卵形，带红色，有小疣点，顶端萼片宿存。

花果期：花期5月，果期10月。

分布：长江以南大部分地区。

浙江石楠 *Photinia zhejiangensis* 属 石楠属 科 蔷薇科

形态特征：落叶灌木。小枝黄褐色，老时黑褐色。叶片薄纸质，椭圆形或倒卵状椭圆形，边缘疏生具腺的锐硬锯齿。花1~2，顶生伞房花序；花瓣白色或粉红色，倒卵形。果卵状椭圆形，红色，带斑点。

花果期：花期4~5月，果期10~11月。

分布：浙江。

三叶委陵菜 *Potentilla freyniana* 属 委陵菜属 科 蔷薇科

形态特征：多年生草本。花茎纤细，被疏柔毛。基生叶掌状3出复叶；小叶片长圆形、卵形或椭圆形，边缘有锯齿，疏生柔毛；茎生叶1~2，叶柄很短。伞房状聚伞花序顶生，多花，松散；花瓣淡黄色。瘦果卵球形，表面脉纹显著。根或全草入药。

花果期：3~6月。

分布：东北至甘肃、四川、云南各省广布。

杜梨 *Pyrus betulifolia* 属梨属 科蔷薇科

形态特征：乔木，高达10m。枝常有刺。幼枝、幼叶、花梗等皆生灰白色绒毛。叶片菱状卵形或长卵形，边缘有尖锐锯齿。伞形总状花序；花白色；梨果近球形褐色，有淡色斑点，萼片脱落。

花果期：花期4月，果期8~9月。

分布：华东、华中、华北大部分地区及部分西南、西北、东北地区。

豆梨 *Pyrus calleryana* 属梨属 科蔷薇科

形态特征：乔木，小枝粗壮。叶片宽卵形至卵形，边缘有钝锯齿；托叶叶质，线状披针形。伞形总状花序；萼片内面具绒毛；花瓣卵形，基部具短爪，白色。梨果球形，黑褐色，有斑点；萼片脱落，有细长果梗。

花果期：花期4月，果期8~9月。

分布：华东、华南、华中和部分西北地区。

石斑木 *Rhaphiolepis indica* 属 石斑木属 科 蔷薇科

形态特征：常绿灌木或小乔木。叶片革质，卵形、矩圆形，边缘有细钝锯齿。圆锥花序或总状花序顶生；总花梗和花梗密生锈色绒毛；花白色或淡红色。果实球形，紫黑色，可食用。

花果期：花期4月，果期7~8月。

分布：长江流域以南大部分地区。

软条七蔷薇 *Rosa henryi* 属 蔷薇属 科 蔷薇科

形态特征：灌木，有长匍枝。小叶通常5，长圆形至椭圆状卵形，边缘有锐锯齿；小叶柄和叶轴有散生小皮刺。伞形伞房状花序；花瓣白色，宽倒卵形，先端微凹。果近球形，成熟后褐红色，有光泽。

花果期：花期4~5月，果期6~7月。

分布：西北（陕西）、华东、华南、华中及西南地区。

金樱子 *Rosa laevigata* 属蔷薇属 科蔷薇科

形态特征：常绿攀援灌木，小枝粗壮，散生扁弯皮刺。小叶革质，通常3，叶片卵形，边缘有锐锯齿；小叶柄和叶轴有皮刺和腺毛。花单生于叶腋，白色，先端微凹。果紫褐色，外面密被刺毛；萼片宿存。根、叶、果均入药。

花果期：花期4~6月，果期7~11月。

分布：西北（陕西）及南方各地区广布。

野蔷薇 *Rosa multiflora* 属蔷薇属 科蔷薇科

形态特征：攀援灌木。小枝圆柱形，有短、粗稍弯曲皮刺。小叶片倒卵形、长圆形或卵形，边缘有尖锐单锯齿；托叶篦齿状。花多朵，排成圆锥状花序；花瓣白色，先端微凹，基部楔形。果近球形，红褐色或紫褐色，有光泽。

花果期：花期5~6月，果期9~10月

分布：华东、华南、华中、西北及华北部分地区。

周毛悬钩子 *Rubus amphidasys* 属悬钩子属 科蔷薇科

形态特征：蔓性小灌木。枝红褐色，密被红褐色长腺毛、软刺毛和淡黄色长柔毛。单叶，宽长卵形，被长柔毛，边缘3~5浅裂，有锯齿；托叶离生，羽状深条裂。近总状花序，花白色。果实扁球形，暗红色，可食用。全株入药。

花果期：花期5~6月，果期7~8月。

分布：长江以南大部分地区。

寒莓 *Rubus buergeri* 属悬钩子属 科蔷薇科

形态特征：直立或匍匐小灌木。茎常伏地生根，出长新株；枝条密被长柔毛。单叶，卵形至近圆形，具柔毛，边缘5~7浅裂，有锯齿，基部具掌状5出脉。花成短总状花序；花白色。果实紫黑色；核具粗皱纹，可食及酿酒。根及全草入药。

花果期：花期7~8月，果期9~10月。

分布：长江以南大部分地区。

掌叶覆盆子 *Rubus chingii* 属 悬钩子属 科 蔷薇科

形态特征：藤状灌木。枝细，具皮刺。单叶，近圆形，边缘掌状5深裂，具重锯齿，有掌状5脉；叶柄疏生小皮刺；托叶线状披针形。单花腋生，花白色。果实大，红色，味甜，可食、制糖及酿酒。根、果可入药。

花果期：花期3～4月，果期5～6月。

分布：华东和华南地区。

山莓 *Rubus corchorifolius* 属 悬钩子属 科 蔷薇科

形态特征：落叶灌木。具根出枝条；小枝红褐色，有皮刺。单叶，卵形或卵状披针形，不裂或3浅裂，有不整齐重锯齿；脉上散生钩状皮刺。花单生或数朵聚生短枝上；花白色。聚合果球形，红色，味美可食、制果酱及酿酒。果、根、叶入药。

花果期：花期2～3月，果期4～6月。

分布：除东北、甘肃、青海、新疆、西藏外，全国均有分布。

蓬藟(lěi) *Rubus hirsutus* 属 悬钩子属 科 蔷薇科

形态特征：灌木。枝红褐色或褐色，被柔毛和腺毛，疏生皮刺。小叶3~5枚，卵形或宽卵形，疏生柔毛，边缘具不整齐尖锐重锯齿。花常单生于侧枝顶端；花大，白色，基部具爪。果实近球形。全株及根入药。

花果期：花期4月，果期5~6月。

分布：华东、华南、华中部分地区。

太平莓 *Rubus pacificus* 属 悬钩子属 科 蔷薇科

形态特征：常绿矮小灌木。枝微拱曲，疏生小皮刺。单叶，革质，宽卵形至长卵形，下面密被灰色绒毛，基部掌状5出脉，有锯齿；托叶大，棕色，具柔毛。短总状或伞房状花序；花瓣白色，顶端微缺刻状，基部具短爪。果实球形，红色。全株入药。

花果期：花期6~7月，果期8~9月。

分布：华中、华东和华南部分地区。

茅莓 *Rubus parvifolius* 属悬钩子属 科蔷薇科

形态特征：灌木。枝呈弓形弯曲，被柔毛和稀疏钩状皮刺。小叶3枚，菱状圆形或倒卵形，被绒毛，边缘有锯齿，常具浅裂片。伞房花序具花数朵，被柔毛和细刺；花瓣粉红至紫红色，基部具爪。果实卵球形，红色，酸甜多汁。全株入药。

花果期：花期5~6月，果期7~8月。

分布：我国大部分地区均有分布。

盾叶莓 *Rubus peltatus* 属悬钩子属 科蔷薇科

形态特征：直立或攀援灌木。枝红褐色或棕褐色，疏生皮刺。叶片盾状，卵状圆形，贴生柔毛，边缘掌状分裂，有细锯齿；叶柄有小皮刺；托叶大，膜质，卵状披针形。单花顶生，花白色；雌蕊多数，可达100。果实桔红色，密被柔毛，可食用及药用。

花果期：花期4~5月，果期6~7月。

分布：西南、华中和华东地区。

锈毛莓 *Rubus reflexus* 属悬钩子属 科蔷薇科

形态特征：攀援灌木。枝被锈色绒毛状毛，有稀疏小皮刺。单叶，心状长卵形，有明显皱纹，下面密被锈色绒毛，边缘3~5裂，有锯齿；托叶宽倒卵形，梳齿状或不规则掌状分裂。花数朵团集生于叶腋或成顶生短总状花序，白色。果实深红色，可食。根入药。

花果期：花期6~7月，果期8~9月。

分布：长江以南各地区。

红腺悬钩子 *Rubus sumatranus* 属悬钩子属 科蔷薇科

形态特征：直立或攀援灌木。小枝、叶轴、叶柄、花梗和花序均被紫红色腺毛、柔毛和皮刺。小叶5~7枚，卵状披针形至披针形，疏生柔毛，有锯齿。花3朵或数朵成伞房状花序，白色，基部具爪。果实桔红色，无毛。根入药。

花果期：花期4~6月，果期7~8月。

分布：华中、西南、华东和华南地区。

三花悬钩子 *Rubus trianthus* 属悬钩子属 科蔷薇科

形态特征：藤状灌木。枝细瘦，暗紫色，疏生皮刺。单叶，卵状披针形或长圆披针形，通常不育枝上的叶较大而3裂，边缘有锯齿；叶柄疏生小皮刺，基部有3脉。花常3朵，或成短总状花序，常顶生，白色。果实红色。全株入药。

花果期：花期4~5月，果期5~6月。

分布：西南、华中和华东地区。

粉花绣线菊 *Spiraea japonica* 属绣线菊属 科蔷薇科

形态特征：直立灌木。枝条细长，开展；冬芽卵形，有鳞片。叶片卵形至卵状椭圆形，边缘有锯齿；叶柄具短柔毛。复伞房花序生于当年生的直立新枝顶端，花朵密集，密被短柔毛；花粉红色。蓇葖果半开张，萼片常直立。

花果期：花期6~7月，果期8~9月。

分布：全国各地均有栽培和分布。

华空木 *Stephanandra chinensis* 属小米空木属 科蔷薇科

形态特征： 灌木。小枝细弱，微具柔毛，红褐色。叶片卵形至长椭卵形，边缘常浅裂并有重锯齿；托叶线状披针形至椭圆披针形。顶生疏松的圆锥花序，花白色。蓇葖果近球形，被稀疏柔毛，具宿存直立的萼片。

花果期： 花期5月，果期7~8月。

分布： 华中、华东、华南地区及部分西南地区。

波叶红果树 *Stranvaesia davidiana* var. *undulata* 属红果树属 科蔷薇科

形态特征： 灌木或小乔木。枝条密集，当年枝条紫褐色，老枝灰褐色。叶片较小，椭圆长圆形至长圆披针形，边缘波皱起伏；托叶钻形，早落。复伞房花序，密具多花；花瓣白色，基部有短爪；花药紫红色。果实桔红色，萼片宿存。

花果期： 花期5~6月，果期9~10月。

分布： 华中、华东、华南地区及部分西南和西北地区。

蔓胡颓子 *Elaeagnus glabra* 属 胡颓子属 科 胡颓子科

形态特征： 常绿蔓生或攀援灌木，高达5m。叶革质或薄革质，卵形或卵状椭圆形，全缘，微反卷，深绿色，具光泽。伞形总状花序；花淡白色，下垂，密被银白色鳞片。果实被锈色鳞片，成熟时红色，可食或酿酒。叶、根药用。

花果期： 花期9～11月，果期翌年4～5月。

分布： 西南、华中、华东和华南地区。

牯岭勾儿茶 *Berchemia kulingensis* 属 勾儿茶属 科 鼠李科

形态特征： 藤状或攀援灌木。小枝平展。叶纸质，卵状椭圆形或卵状矩圆形，无毛；托叶披针形，基部合生。花绿色，无毛，通常2～3个簇生排成疏散聚伞总状花序。核果成熟时黑紫色，基部宿存的花盘盘状。根药用治风湿痛。

花果期： 花期6～7月，果期翌年4～6月。

分布： 华东、华南、华中、西南部分地区。

长叶冻绿 *Frangula crenata* 属 裸芽鼠李属 科 鼠李科

形态特征：灌木。叶互生，长椭圆状披针形或椭圆状倒卵形，边有小锯齿；叶柄长，有锈色尘状短柔毛。聚伞花序腋生；花单性，淡绿色。核果近球形，成熟后黑色，可作染料。种子背面无沟。根有毒，可药用。

花果期：花期5~8月，果期8~10月。

分布：华中、华东、华南地区及部分西北地区。

山鼠李 *Rhamnus wilsonii* 属 鼠李属 科 鼠李科

形态特征：灌木。顶芽鳞片浅绿色，有缘毛。叶纸质或薄纸质，常互生，椭圆形或宽椭圆形，边缘具钩状圆锯齿。花单性，雌雄异株，黄绿色，簇生于当年生枝基部或腋生。核果成熟时紫黑色，基部有宿存的萼筒。

花果期：花期4~5月，果期6~10月。

分布：华中、华东、华南地区及部分西南地区。

山油麻 *Trema cannabina* var. *dielsiana* 属山黄麻属 科大麻科

形态特征：灌木或小乔木。小枝紫红色，后渐变棕色，密被斜伸的粗毛。叶薄纸质，边缘具锯齿，叶面粗糙，叶背密被柔毛，基部三出脉；叶柄被伸展的粗毛。花单性，雌雄同株；聚伞花序；雄花被片被细糙毛和明显的紫色斑点。核果熟时桔红色，有宿存花被。

花果期：花期3~6月，果期9~10月。

分布：南方地区广布。

异叶榕 *Ficus heteromorpha* 属榕属 科桑科

形态特征：落叶灌木或小乔木。小枝红褐色，节短。叶多形，琴形、椭圆形、椭圆状披针形，背面有细小钟乳体，全缘或微波状；叶柄及叶脉红色。雄花和瘿花同生于一榕果中，雄花散生内壁。榕果成对生短枝叶腋，球形，光滑，成熟时紫黑色，可食。

花果期：花期4~5月，果期5~7月。

分布：广布于长江流域及以南地区，北至甘肃、陕西、山西。

构棘 *Maclura cochinchinensis* 属橙桑属 科桑科

形态特征：常绿直立或攀援状灌木。枝有粗壮棘刺。叶革质，倒卵状椭圆形或椭圆形。花单性，雌雄异株；头状花序单生或成对腋生，有短柄，有柔毛；雌花序结果时增大，顶端厚，有绒毛。聚花果肉质，熟时橙红色。茎皮、根皮药用。

花果期：花期4~5月，果期6~7月。

分布：福建、广东、广西、海南、贵州、安徽。

鸡桑 *Morus australis* 属桑属 科桑科

形态特征：灌木或小乔木，冬芽大。叶卵形，边缘具粗锯齿，表面粗糙，密生短刺毛，背面疏被粗毛；叶柄被毛。雄花序被柔毛，花绿色，具短梗；雌花序球形，密被白色柔毛，雌花暗绿色。聚花果成熟时红色或暗紫色，味甜可食。韧皮纤维可造纸。

花果期：花期3~4月，果期4~5月。

分布：华东、华中、华南、西北部分地区及部分华北、东北地区。

海岛苎麻 *Boehmeria formosana* 属苎麻属 科荨麻科

形态特征：多年生草本或亚灌木。茎常不分枝。叶对生或近对生，草质，长圆状卵形、长圆形或披针形，边缘有齿。穗状花序通常单性，雌雄异株，不分枝；有时雌雄同株，分枝，团伞花序。瘦果近球形，光滑。

花果期：花期7~8月。

分布：华东、华中、华南、西南部分地区。

苎麻 *Boehmeria nivea* 属苎麻属 科荨麻科

形态特征：亚灌木或灌木。茎与叶柄密被毛。叶互生；叶片草质，通常圆卵形或宽卵形，边缘有齿，上疏被短伏毛，下密被雪白色毡毛；托叶分生，被毛。圆锥花序腋生，或植株上部的为雌性下部为雄性，或全为雌性。瘦果光滑，基部突缩成细柄。茎皮纤维细长可织布，根、叶药用。

花果期：花期8~10月。

分布：南方大部分地区及部分西北地区。

糯米团 *Gonostegia hirta* 属糯米团属 科荨麻科

形态特征：多年生草本。茎蔓生、铺地或渐升，上部带四棱形，有短柔毛。叶对生，叶片草质或纸质，宽披针形至椭圆形，全缘，基出脉3~5条。团伞花序腋生，常两性，雌雄异株；苞片三角形。瘦果卵球形，白色或黑色，有光泽。全草药用。

花果期：花期5~9月。

分布：华南、部分华东、西南地区及陕西、河南。

花点草 *Nanocnide japonica* 属花点草属 科荨麻科

形态特征：多年生小草本。茎常半透明，黄绿色，有时上部带紫色，被硬毛。叶三角状卵形或近扇形，边缘具齿，疏生小刺毛，钟乳体短杆状，基出脉3~5条。雄花序为多回二歧聚伞花序；雌花序密集成团伞花序；雄花紫红色；雌花绿色。瘦果卵形。

花果期：花期4~5月，果期6~7月。

分布：华东、华中、西南、西北部分地区。

赤车 *Pellionia radicans* 属赤车属 科荨麻科

形态特征：多年生草本。茎肉质，下部铺地生不定根。叶不对称，狭卵形或卵形，边缘疏生浅牙齿。雌雄异株，雄花序分枝稀疏；雌花序无柄或具短柄，花多数密集。瘦果近椭圆球形，有小瘤状突起。全草药用。

花果期：花期5~10月。

分布：南方地区广布。

茅栗 *Castanea seguinii* 属栗属 科壳斗科

形态特征：小乔木或灌木状。叶倒卵状椭圆形或兼有长圆形，基部楔尖至圆或耳垂状，基部对称至一侧偏斜，叶背有鳞腺。雄花序长5~12cm，雄花簇有花3~5朵；雌花单生或生于混合花序的花序轴下部，每壳斗有雌花3~5朵；壳斗外壁密生锐刺。

花果期：花期5~7月，果期9~11月。

分布：南方大部分地区，北至陕西、山西。

甜槠(zhū) *Castanopsis eyrei* 属锥属 科壳斗科

形态特征：常绿大乔木。树皮纵深裂，厚达1cm，块状剥落，小枝有皮孔甚多，枝、叶均无毛。叶革质，卵形，披针形或长椭圆形，全缘或在顶部有少数浅裂齿。雄花序穗状或圆锥花序。壳斗有1坚果，连刺2~4瓣开裂，壳斗顶部的刺密集而较短，通常完全遮蔽壳斗外壁；果实炒食味甜。

花果期：花期4~6月，果翌年9~11月成熟。

分布：长江流域以南各地（不含海南、云南）。

苦槠 *Castanopsis sclerophylla* 属锥属 科壳斗科

形态特征：常绿乔木。树皮浅纵裂，片状剥落。叶二列，叶片革质，长椭圆形或卵状椭圆形，叶缘有锐齿。雄穗状花序通常单穗腋生；雌花序长达15cm。壳斗全包或包着坚果的大部分，壳壁厚，不规则瓣状爆裂，小苞片成脊肋状圆环或呈环带状突起，果有涩味。

花果期：花期4~5月，果期10~11月。

分布：华东、华南、华中、西南部分地区。

包果柯 *Lithocarpus cleistocarpus* 属柯属 科壳斗科

形态特征：常绿大乔木。小枝粗壮，无毛。叶长椭圆形至长椭圆状披针形，基部楔形，全缘。果序长10～12cm，轴粗壮，果密集；壳斗近球形，几全包坚果；苞片和壳斗合生，顶端分离，隆起，近环状排列。

花果期：花期6～10月，果期翌年8～10月。

分布：华东、华中、西南部分地区及部分西北地区。

柯 *Lithocarpus glaber* 属柯属 科壳斗科

形态特征：大乔木。嫩枝、嫩叶及花序轴被短绒毛。叶革质或厚纸质，倒卵形或长椭圆形，成长叶背有蜡鳞层。雄花多成圆锥花序或单穗腋生；雌花每3朵一簇。壳斗碟状或浅碗状，硬木质，小苞片紧贴，覆瓦状排列或连生成圆环，被毛。

花果期：花期7～11月，果翌年同期成熟。

分布：华中、部分华东、西南、华南地区。

港柯 *Lithocarpus harlandii* 属柯属 科壳斗科

形态特征：高大乔木。新生枝紫褐色，枝、叶及芽鳞均无毛。叶硬革质，披针形或椭圆形，常两侧稍不对称且沿叶柄下延，叶缘有钝裂齿，叶背有蜡鳞层。雄圆锥花序由多个穗状花序组成；雌花每3朵一簇或单花散生于花序轴上。壳斗浅碗状，小苞片鳞片状，覆瓦状排列。

花果期：花期5~6月，果翌年9~10月成熟。

分布：华南及部分华东、华中地区。

白栎 *Quercus fabri* 属栎属 科壳斗科

形态特征：落叶乔木或灌木状，高达20m。树皮深纵裂，小枝密生绒毛。叶片倒卵形，叶缘具锯齿，幼时被星状毛；叶柄被绒毛。雄花序长于雌花序。壳斗杯形，包着坚果约1/3；小苞片排列紧密，在口缘处稍伸出。坚果长椭圆形，果脐突起。

花果期：花期4月，果期10月。

分布：南方地区广布，北至陕西、河南。

青冈 *Quercus glauca* 属栎属 科壳斗科

形态特征：常绿大乔木。叶片革质，倒卵状椭圆形或长椭圆形，叶缘有疏锯齿，叶背有白色单毛，老时渐脱落，常有白色鳞秕。雄花序长5~6cm，花序轴被苍色绒毛。壳斗碗形，包着坚果1/3~1/2，被薄毛；小苞片合生成同心环带；坚果卵形。

花果期：花期4~5月，果期10月。

分布：南方地区广布，部分西南和西北地区。

多脉青冈 *Quercus multinervis* 属栎属 科壳斗科

形态特征：常绿乔木。树皮黑褐色，芽有毛。叶片长椭圆形或椭圆状披针形，叶缘有尖锯齿，叶背被毛及易落蜡粉层，脱落后带灰绿色。果序着生2~6个果。壳斗杯形，包着坚果1/2以下；小苞片合生成同心环带；坚果长卵形。

花果期：果期翌年10~11月。

分布：安徽、江西、福建、湖北、湖南、广西、四川、陕西。

小叶青冈 *Quercus myrsinifolia* 属栎属 科壳斗科

形态特征：常绿大乔木。小枝无毛，被凸起淡褐色长圆形皮孔。叶卵状披针形或椭圆状披针形，叶缘中部以上有细锯齿，叶面绿色，叶背粉白色。雄花序长于雌花序。壳斗杯形，包着坚果1/3~1/2，壁薄而脆，外壁被灰白色细柔毛；小苞片合生成同心环带；坚果卵形或椭圆形。

花果期：花期6月，果期10月。

分布：南方大部分地区，北至陕西、河南。

枹栎 *Quercus serrata* 属栎属 科壳斗科

形态特征：落叶乔木，高达25m。树皮灰褐色，深纵裂。叶片薄革质，倒卵形或倒卵状椭圆形，叶缘有腺状锯齿。雄花序较长，花序轴密被白毛；雌花序长较短。壳斗杯状，包着坚果1/4~1/3；小苞片长三角形，贴生，边缘具柔毛。坚果卵形至卵圆形，果脐平坦。

花果期：花期3~4月，果期9~10月。

分布：长江流域以南各省，北至甘肃、陕西、山西、山东、辽宁。

杨梅 *Morella rubra* 属杨梅属 科杨梅科

形态特征：常绿乔木。叶革质，楔状倒卵形至长楔状倒披针形，无毛，背面有金黄色腺体。雌雄异株；雄花序穗状，雌花序常单生，有密接覆瓦状苞片。核果球形，有乳头状凸起，熟时深红色或紫红色和白色，著名水果。

花果期：花期4月，果期6~7月。

分布：长江以南各地区，多地栽培。

胡桃楸 *Juglans mandshurica* 属胡桃属 科胡桃科

形态特征：落叶大乔木，树冠扁圆形，树皮具浅纵裂。奇数羽状复叶生于萌发条上者长可达80cm；生于孕性枝上者集生于枝端；小叶椭圆形，边缘具细锯齿，侧生小叶对生、无柄，顶生小叶基部楔形。雄性柔荑花序；雌性穗状花序。果序俯垂，通常具5~7果实；果实密被腺质短柔毛。

花果期：花期5月，果期8~9月。

分布：东北、华中及华东、华南、西南、西北部分地区。

化香树 *Platycarya strobilacea* 属化香树属 科胡桃科

形态特征：落叶乔木。树皮灰色，老时则不规则纵裂。小叶多枚，叶总柄显著短于叶轴，叶纸质，侧生小叶无叶柄，披针形，不等边，基部歪斜，边缘有锯齿。伞房状花序束生于小枝顶端，直立；两性花序常1条，着生于中央；雄花序常3~8条，位于两性花序下方四周。果序球果状，宿存苞片木质。

花果期：5~6月开花，7~8月果成熟。

分布：广布南方地区，北至甘肃、陕西、河南、山东。

亮叶桦 *Betula luminifera* 属桦木属 科桦木科

形态特征：高大乔木。树皮坚密、平滑；枝条红褐色，有蜡质白粉。叶卵形至矩圆形，边缘重锯齿，叶背密生树脂腺点，沿脉疏生长柔毛。雄花序簇生于小枝顶端或单生；苞鳞边缘具短纤毛。果序常单生，下垂；果苞疏被短柔毛。小坚果倒卵形，具膜质翅。

花果期：花期3~4月，果期5~6月。

分布：广布南方地区，北至甘肃、陕西、河南。

华千金榆 *Carpinus cordata* var. *chinensis* 属 鹅耳枥属 科 桦木科

形态特征：大乔木。小枝棕色或橘黄色，具沟槽，密被短柔毛及稀疏长柔毛。叶厚纸质，卵形或矩圆状卵形，边缘具不规则的刺毛状重锯齿，背面沿脉疏被短柔毛。果序长条状；果苞宽卵状矩圆形，全部遮盖着小坚果，中裂片外侧内折，边缘有锯齿。小坚果矩圆形，具不明显的细肋。

花果期：花期4月，果期7~8月。

分布：华东、华中、西南、西北部分地区。

雷公鹅耳枥 *Carpinus viminea* 属 鹅耳枥属 科 桦木科

形态特征：大乔木。小枝密生白色皮孔。叶厚纸质，椭圆形、矩圆形、卵状披针形，边缘具重锯齿。雌花序长；苞片半卵状披针形，常3裂。果序长条形，下垂。小坚果宽卵圆形，具少数细肋。

花果期：花期3~4月，果期9月。

分布：华东、华南、西南大部分地区。

绞股蓝 *Gynostemma pentaphyllum* 属绞股蓝属 科葫芦科

形态特征：草质攀援藤本。卷须常分2叉。叶鸟足状小叶，有柔毛；小叶片卵状矩圆形或矩圆状披针形，中间者较长，边缘有锯齿。雌雄异株；雌雄花序均圆锥状，花小，花梗短。果实球形，熟时变黑色。可入药。

花果期：花期3～11月，果期4～12月。

分布：陕西南部和长江以南各地区。

浙江雪胆 *Hemsleya zhejiangensis* 属雪胆属 科葫芦科

形态特征：多年生攀援草本。具膨大块根成串状着生。卷须线状，疏被短柔毛，先端2歧。趾状复叶，常有小叶5枚；小叶椭圆状披针形，边缘疏锯齿状，疏被小刺毛。花雌雄异株；雄花蝎尾状聚伞花序，花序轴曲折，花梗发状；花冠浅黄色，向后反折。果实极长，棒形，具纵纹，密布细疣突。

花果期：花期6～9月，果期8～11月。

分布：浙江南部。

台湾赤瓟(páo) *Thladiantha punctata* 属赤瓟属 科葫芦科

形态特征：多年生攀援草本。卷须不分叉。叶片膜质，卵状披针形或长三角状卵形，正面粗糙，边缘有具胼胝的小齿。雌雄异株；雄花呈总状花序，花托浅杯状，花冠黄色；雌花单生或2～3朵生于短花序梗上。果实卵球形，果皮稍有皱褶，基部内凹。

花果期：花期5～6月，果期7～8月。

分布：福建、浙江、江西、台湾、安徽。

大芽南蛇藤 *Celastrus gemmatus* 属南蛇藤属 科卫矛科

形态特征：藤状灌木。小枝具多数皮孔，棕灰白色，突起；冬芽大。叶长方形，卵状椭圆形或椭圆形，边缘具浅锯齿，叶面光滑但手触有粗糙感。聚伞花序顶生及腋生；萼片边缘啮蚀状；雌蕊瓶状。蒴果球状。种子红棕色，有光泽。

花果期：花期4～9月，果期8～10月。

分布：甘肃、陕西、山西至广东、广西、云南的大片区域。

扶芳藤 *Euonymus fortunei* 属 卫矛属 科 卫矛科

形态特征：常绿藤本灌木，高约1米。叶薄革质，椭圆形、长方椭圆形或长倒卵形，宽窄变异较大。聚伞花序3~4次分枝，花密集；花白绿色。蒴果粉红色，果皮光滑。

花果期：花期6月，果期10月。

分布：黄河流域以南、西至新疆、东到辽宁的广大地区。

酢浆草 *Oxalis corniculata* 属 酢浆草属 科 酢浆草科

形态特征：多年生草本，全株被柔毛。茎细弱，多分枝，匍匐茎节上生根。叶基生或茎上互生；托叶小，基部与叶柄合生；小叶3，无柄，倒心形，边缘具贴伏缘毛。花单生或数朵集为伞形花序状，腋生；花瓣5，黄色。蒴果长圆柱形，5棱。全草入药。

花果期：2~9月。

分布：全国地区广布。

山酢浆草 *Oxalis griffithii* 属 酢浆草属 科 酢浆草科

形态特征：多年生草本。根状茎斜卧，有残留的鳞片状叶柄基。三小叶复叶，少数，均基生；小叶倒三角形，顶端凹缺，被柔毛；叶柄密被长柔毛。花白色或淡黄色，单生于花梗上。蒴果成熟时室背开裂，弹出种子。全草入药。

花果期：花期7~8月，果期8~9月。

分布：华东、华南、华中、西南大部分地区及部分西北地区。

中华杜英 *Elaeocarpus chinensis* 属 杜英属 科 杜英科

形态特征：常绿小乔木。嫩枝有柔毛，老枝秃净。叶薄革质，卵伏披针形或披针形，上面绿色有光泽，下面有细小黑腺点，边缘有波状小钝齿。总状花序生于无叶的去年枝条上；花两性或单性。核果椭圆形。

花果期：花期5~6月。

分布：广东、广西、浙江、福建、江西、贵州。

密腺小连翘 *Hypericum seniawinii* 属 金丝桃属 科 金丝桃科

形态特征：多年生草本，全体无毛。叶近无柄，长圆状披针形至长圆形，全缘，坚纸质。三歧状聚伞花序于茎及枝上顶生；苞片、萼片、花瓣、花药均有黑色腺点。蒴果成熟时褐色，外密布腺条纹。全株入药，解毒消肿。

花果期：花期7~8月，果期9月。

分布：华中及华东、华南、西南部分地区。

戟叶堇菜 *Viola betonicifolia* 属 堇菜属 科 堇菜科

形态特征：多年生草本。无地上茎，根状茎通常较粗短。叶多数，均基生，莲座状；叶片狭披针形、长三角状戟形或三角状卵形，边缘具波状齿；叶柄较长，上半部有翅；托叶与叶柄合生。花白色或淡紫色，有深色条纹。蒴果无毛。全草入药。

花果期：4~9月。

分布：广布南方地区，北到陕西、河南，西至西藏。

七星莲 *Viola diffusa* 属 堇菜属 科 堇菜科

形态特征：一年生草本，花期生出地上匍匐枝。基生叶多数，叶片卵形或卵状长圆形，边缘具钝齿及缘毛，被毛；叶柄具明显的翅；托叶基部与叶柄合生，边缘具疏齿。花较小，淡紫色或浅黄色，具长梗，生于叶腋间。蒴果长圆形。全草入药，清热解毒。

花果期：花期3~5月，果期5~8月。

分布：广布南方地区，北到甘肃、陕西、河南，西至西藏。

紫花堇菜 *Viola grypoceras* 属 堇菜属 科 堇菜科

形态特征：多年生草本。具发达主根；根状茎短粗，节密生；地上茎直立或斜升。基生叶心形或宽心形，边缘具钝锯齿，密布褐色腺点；茎生叶三角状心形或狭卵状心形；托叶边缘具流苏状长齿。花淡紫色，无芳香；花瓣有褐色腺点，边缘呈波状，下瓣距下弯。蒴果椭圆形，密生褐色腺点，先端短尖。

花果期：花期4~5月，果期6~8月。

分布：陕西、甘肃以南我国大部分湿润半湿润区。

长萼堇菜 *Viola inconspicua* 属 堇菜属 科 堇菜科

形态特征：多年生草本。无地上茎；根状茎较粗壮，节密生。叶基生，呈莲座状；叶片三角形、三角状卵形或戟形，两侧垂片发达，边缘具圆锯齿，嫩叶密生小白点；托叶与叶柄合生，边缘疏生流苏状短齿。花淡紫色，有暗色条纹。蒴果。全草入药，清热解毒。

花果期：3~11月。

分布：秦岭以南各省。

斑叶堇菜 *Viola variegata* 属 堇菜属 科 堇菜科

形态特征：多年生低矮草本。无地上茎，根状茎短而细，具数条长根。叶基生，呈莲座状，叶片圆形或圆卵形，边缘具钝齿，正面沿叶脉有白色斑纹，叶背通常稍带紫红色；叶柄长短不一；托叶与叶柄合生，边缘疏生流苏状腺齿。花紫色，下部通常色较淡。蒴果椭圆形。

花果期：花期4月下旬至8月，果期6~9月。

分布：华北和东北地区。

白背叶 *Mallotus apelta* 属野桐属 科大戟科

形态特征：灌木或小乔木，为撂荒地先锋树种。小枝、叶背、叶柄和花序均密被星状柔毛，具散生橙黄色颗粒状腺体。叶互生，卵形或阔卵形，边缘具疏齿，基出脉5。花雌雄异株，雄花序圆锥花序或穗状；花柱基部合生，柱头密生羽毛状突起。蒴果密生软刺，黄色。

花果期：花期6~9月，果期8~11月。

分布：云南、湖南、江西、福建、广东、广西和海南。

石岩枫 *Mallotus repandus* 属野桐属 科大戟科

形态特征：攀缘状灌木。嫩枝、叶柄、花序和花梗均密生黄色星状柔毛。叶互生，纸质或膜质，卵形或椭圆状卵形，边全缘或波状，叶背散生黄色颗粒状腺体；基出脉3条，有时稍离基。花雌雄异株，总状花序顶生。蒴果密生黄色粉末状毛，具颗粒状腺体。

花果期：花期3~5月，果期8~9月。

分布：南方大部分地区，北至甘肃、山西。

野桐 *Mallotus tenuifolius* 属 野桐属 科 大戟科

形态特征：小乔木或灌木。嫩枝具纵棱，枝、叶柄和花序轴均密被褐色星状毛。叶互生，纸质，形状多变，边全缘，下面疏生橙红色腺点，疏被星状粗毛，基出脉3条。花雌雄异株，花序总状，雌花序不分枝。蒴果密被有星状毛的软刺和红色腺点。

花果期：4～11月。

分布：南方大部分地区，北至甘肃、陕西。

白木乌桕 *Neoshirakia japonica* 属 白木乌桕属 科 大戟科

形态特征：灌木或乔木，各部均无毛。叶互生，纸质，叶卵形、卵状长方形或椭圆形，两侧常不等，全缘，叶背有散生腺体；中脉在背面显著凸起，网状脉明显；叶柄狭翅状。花单性，雌雄同株常同序，聚集成顶生纤细总状花序。蒴果三棱状球形。种子棕褐色斑纹。

花果期：花期5～6月。

分布：华东及华南、华中、西南部分地区。

山乌桕 *Triadica cochinchinensis* 属乌桕属 科大戟科

形态特征：落叶乔大或灌木，各部均无毛。叶互生，纸质，嫩时呈淡红色，叶片椭圆形或长卵形，背面近缘常有圆形腺体；中脉凸起；叶柄顶端具2毗连的腺体。花单性，雌雄同株，密集着于顶生总状花序。蒴果黑色，球形，中轴宿存。根皮及叶药用。

花果期：花期4~6月。

分布：南方大部分地区。

算盘子 *Glochidion puberum* 属算盘子属 科叶下珠科

形态特征：直立灌木。多分枝；小枝、叶背、萼片、子房和果实均密被短柔毛。叶片纸质或近革质，长圆形或长卵形，网脉明显；托叶三角形。花小，雌雄同株或异株，2~5朵簇生于叶腋内；雄花3雄蕊合生呈圆柱状；雌花花柱合生呈环状。蒴果成熟时带红色，边缘有纵沟，花柱宿存。根、茎、叶和果实药用。

花果期：花期4~8月，果期7~11月。

分布：陕甘南部、华东、华中、华南及西南各省。

光滑柳叶菜 *Epilobium amurense* subsp. *cephalostigma* 属柳叶菜属 科柳叶菜科

形态特征：多年生直立草本，秋季自茎基部生出短的肉质多叶的根出条。茎常多分枝，上部被曲柔毛。叶对生，叶长圆状披针形至狭卵形，边缘有锐齿，脉上与边缘有曲柔毛。花序直立；花较小，白色、粉红色或玫瑰紫色。蒴果；种缨污白色，易脱落。

花果期：花期6~8月，果期8~10月。

分布：东北至华南地区广布，西至甘肃、四川。

赤楠 *Syzygium buxifolium* 属蒲桃属 科桃金娘科

形态特征：灌木或小乔木。分枝多，小枝四棱形。叶对生，革质，形状变异很大，侧脉不明显，在近叶缘处汇合成一边脉。聚伞花序顶生；花白色，花瓣4，小，逐片脱落。浆果紫黑色，可食或酿酒。

花果期：花期6~8月。

分布：华南及华东、华中、西南部分地区。

地菍 *Melastoma dodecandrum* 属野牡丹属 科野牡丹科

形态特征：小灌木，茎匍匐上升，逐节生根。叶片坚纸质，卵形或椭圆形，全缘或具密浅细锯齿，3~5基出脉；叶柄长，被糙伏毛。聚伞花序，顶生；花瓣淡紫红色至紫红色，顶端有1束刺毛。果肉质，宿存萼被疏糙伏毛，可食用。全株药用。

花果期：花期5~7月，果期7~9月。

分布：贵州、湖南、福建、广东、广西、江西、浙江、安徽。

野鸦椿 *Euscaphis japonica* 属野鸦椿属 科省沽油科

形态特征：落叶小乔木或灌木。树皮具纵条纹，小枝及芽红紫色，枝叶揉碎后发出恶臭气味。叶对生，奇数羽状复叶，小叶厚纸质，长卵形或椭圆形，边缘有锯齿，齿尖有腺体，主脉明显。圆锥花序顶生，花多，较密集，黄白色，萼片宿存。蓇葖果紫红色。种子黑色。

花果期：花期5~6月，果期8~9月。

分布：除西北各省外，全国广布。

省沽油 *Staphylea bumalda* 属 省沽油属 科 省沽油科

形态特征：落叶灌木。树皮有纵棱；枝条开展，绿白色复叶对生，有长柄，具三小叶；小叶椭圆形、卵圆形或卵状披针形，边缘有细锯齿，背面青白色，叶脉有短毛。圆锥花序顶生，直立，花白色。蒴果膀胱状，先端2裂。种子油可制肥皂及油漆。

花果期：花期4～5月，果期8～9月。

分布：东北、华北、西北、西南部分地区及华东部分地区。

中国旌节花 *Stachyurus chinensis* 属 旌节花属 科 旌节花科

形态特征：落叶灌木。先花后叶，叶互生，纸质至膜质，卵形、长圆状卵形至长圆状椭圆形，边缘为圆齿状锯齿；叶柄常暗紫色。穗状花序腋生；花黄色；萼片4枚，黄绿色。果实圆球形，基部具花被的残留物。

花果期：花期3～4月，果期5～7月。

分布：秦岭以南各省，西至西藏。

黄连木 *Pistacia chinensis* 属 黄连木属 科 漆树科

形态特征：落叶大乔木。树干扭曲，树皮呈鳞片状剥落。奇数羽状复叶互生，有小叶5~6对，叶轴具条纹，被微柔毛，小叶对生，纸质，披针形，全缘。花单性异株，先花后叶，圆锥花序腋生，雄花序排列紧密，雌花序排列疏松，均被微柔毛；花小。核果成熟时紫红色，干后具纵向细条纹。

花果期：花期3~4月，果期10~11月。

分布：广布长江以南及华北、西北部分地区，西到西藏。

盐麸木 *Rhus chinensis* 属 盐麸木属 科 漆树科

形态特征：灌木或小乔木。小枝、叶柄及花序都密生褐色柔毛。单数羽状复叶互生，叶轴及叶柄常有翅；小叶纸质，边有粗锯齿，背面密生灰褐色柔毛。圆锥花序顶生；花小，杂性，黄白色。核果红色，有灰白色短柔毛。根、叶、花及果药用。

花果期：花期8~9月，果期10月。

分布：除东北、内蒙古、新疆地区外，分布全国。

木蜡树 *Toxicodendron sylvestre* 属 漆树属 科 漆树科

形态特征： 落叶乔木或小乔木。幼枝和芽被黄褐色绒毛。奇数羽状复叶互生，叶轴和叶柄密被绒毛；小叶对生，纸质，卵形或卵状椭圆形或长圆形，全缘，叶面中脉密被卷曲微柔毛。圆锥花序密被锈色绒毛；花黄色，花瓣具暗褐色脉纹。核果极偏斜，外果皮薄，具光泽。

花果期： 花期4~5月，果期7~8月。

分布： 南方大部分地区。

紫果槭 *Acer cordatum* 属 槭属 科 无患子科

形态特征： 常绿乔木。树皮灰色或淡黑灰色，光滑。叶纸质或近革质，卵状长圆形；主脉及侧脉显著；叶柄紫色或淡紫色。伞房花序；萼片紫色；花瓣5，淡白色或淡黄白色。翅果嫩时紫色，成熟时黄褐色，小坚果凸起。作观赏植物。

花果期： 花期4月下旬，果期9月。

分布： 南方大部分地区。

青榨槭 *Acer davidii* 属槭属 科无患子科

形态特征：落叶大乔木。树皮常纵裂成蛇皮状。叶纸质，长圆卵形或近于长圆形，常有尖尾，边缘具钝圆齿；主脉显著，侧脉羽状。花黄绿色，杂性，雄花与两性花同株，成下垂的总状花序，顶生于着叶的嫩枝，花叶同放。翅果嫩时淡绿色，成熟后黄褐色。

花果期：花期4月，果期9月。

分布：华北、华东、中南、西南、西北各地区。

苦茶槭 *Acer tataricum* subsp. *theiferum* 属槭属 科无患子科

形态特征：落叶灌木或小乔木。树皮粗糙、微纵裂，多年生枝具皮孔。叶薄纸质，卵形，边缘有锐尖重锯齿，背面有白色疏柔毛。伞房花序，有白色疏柔毛，具多花；花杂性，白色，雄花与两性花同株。翅果较大，脉纹显著。树皮、叶和果实都含鞣质。

花果期：花期5月，果期9月。

分布：华东和华中各地区。

臭节草 *Boenninghausenia albiflora* 属石椒草属 科芸香科

形态特征：常绿草本。分枝甚多，嫩枝的髓部大而空心。叶薄纸质，小裂片倒卵形、菱形或椭圆形，老叶常变褐红色。花序有花甚多，花枝纤细，基部有小叶；花瓣白色，有时顶部桃红色，有透明油点。分果。种子肾形，表面有细瘤状凸体。全草药用，茎、叶含精油。

花果期：7~11月。

分布：长江以南各地，北到陕甘，西至西藏。

楝叶吴萸 *Tetradium glabrifolium* 属吴茱萸属 科芸香科

形态特征：落叶乔木，树高达20m。树皮灰白色，密生皮孔。叶有小叶7~11片，小叶斜卵状披针形，两则明显不对称。花序顶生，花甚多；花瓣白色。分果瓣淡紫红色，油点较明显，外果皮被短伏毛，内果皮肉质。鲜叶、树皮及果皮均有臭辣气味。

花果期：花期7~9月，果期10~12月。

分布：秦岭以南地区多有分布。

吴茱萸 *Tetradium ruticarpum* 属 吴茱萸属 科 芸香科

形态特征：灌木或小乔木。小枝紫褐色；幼枝、叶轴、花序轴、裸芽均被毛。单数羽状复叶，对生；小叶椭圆形至卵形，背面密被长柔毛，有粗大腺点。聚伞状圆锥花序顶生，花雌雄异株，白色；退化雄蕊鳞片状。蓇葖果紫红色，有粗大腺点。传统中药植物，含挥发油。

花果期：花期4~6月，果期8~11月。

分布：长江流域及以南各地区，北至河北、陕甘。

青花椒 *Zanthoxylum schinifolium* 属 花椒属 科 芸香科

形态特征：灌木。茎枝有短刺，嫩枝暗紫红色。奇数羽状复叶，叶轴具窄翅；小叶对生，纸质，宽卵形、披针形或宽卵状菱形，上面被毛或毛状凸体。伞房状聚伞花序顶生；花淡黄白色，几无花柱；分果瓣红褐色，具淡色窄缘，作调味品。根、叶及果入药。

花果期：花期7~9月，果期9~12月。

分布：华东、华中、华南及部分东北、华北、西南地区。

楝 *Melia azedarach* 属楝属 科楝科

形态特征：落叶大乔木。树皮灰褐色，纵裂，小枝有叶痕。叶为二至三回奇数羽状复叶；小叶对生，卵形、椭圆形至披针形，多少偏斜，边缘有钝锯齿。圆锥花序；花芳香，淡紫色，被微柔毛；雄蕊管紫色。核果内果皮木质。

花果期：花期4～5月，果期10～12月。

分布：黄河以南各地区。

香椿 *Toona sinensis* 属香椿属 科楝科

形态特征：落叶乔木。树皮粗糙，深褐色，片状脱落。偶数羽状复叶，具长柄；小叶纸质，卵状披针形或长椭圆形。圆锥花序顶生，小聚伞花序生于短枝上，多花；花瓣5，白色。蒴果有小而苍白色的皮孔。种子上端有膜质的长翅。嫩叶蔬食，根皮及果入药。

花果期：花期6～8月，果期10～12月。

分布：东南沿海至西藏广布，北至河北、陕甘，各地广泛栽培。

田麻 *Corchoropsis crenata* 属 田麻属 科 锦葵科

形态特征：一年生草本。分枝有星状短柔毛。叶卵形或狭卵形，边缘有钝牙齿，密生星状短柔毛，基出脉3条；托叶钻形，脱落。花单生于叶腋，黄色；子房生短绒毛。蒴果角状圆筒形，有星状柔毛。茎皮纤维代麻，可作绳索和麻袋用。

花果期：花期8~9月，果期9~10月。

分布：东南沿海至甘肃、四川广布。

华东椴 *Tilia japonica* 属 椴属 科 锦葵科

形态特征：落叶乔木。叶革质，圆形或扁圆形，边缘有尖锐细锯齿。聚伞花序；苞片狭倒披针形或狭长圆形；萼片被稀疏星状柔毛；退化雄蕊花瓣状；子房有毛。果实卵圆形，有星状柔毛。

花果期：花期6~7月，果期8~9月。

分布：部分华东地区。

结香 *Edgeworthia chrysantha* 属结香属 科瑞香科

形态特征：灌木。小枝常作三叉分枝，韧皮极坚韧，叶痕大。叶在花前凋落，长圆形，披针形至倒披针形，两面均被银灰色绢状毛。头状花序顶生或侧生，具花30~50朵成绒球状；花芳香，无梗，外面密被白色丝状毛，黄色，顶端4裂。果绿色，顶端被毛。全株入药。

花果期：花期冬末春初，果期春夏间。

分布：河南、陕西及长江流域以南诸地区。

欧洲油菜 *Brassica napus* 属芸薹属 科十字花科

形态特征：一年或二年生草本，具粉霜。下部叶大头羽裂，边缘具钝齿，侧裂片约2对；中部及上部茎生叶由长圆形渐变成披针形，基部心形，抱茎。总状花序伞房状；浅黄色。长角果线形，喙细。为主要油料作物。

花果期：花期3~4月，果期4~5月。

分布：全国各地栽培。

荠 *Capsella bursa-pastoris* 属荠属 科十字花科

形态特征：一年或二年生草本。茎直立，有分枝。基叶丛生，大头羽状分裂，浅裂或有粗锯齿，具长叶柄；茎生叶狭披针形，基部抱茎，边缘有缺刻或锯齿。总状花序顶生和腋生，花白色。短角果倒三角形或倒心形。全草入药，茎叶作蔬菜。

花果期：4~6月

分布：全国广布。

弹裂碎米荠 *Cardamine impatiens* 属碎米荠属 科十字花科

形态特征：二年或一年生草本。茎直立，表面有沟棱；着生多数羽状复叶。基生叶叶柄较长，托叶状耳，小叶2~8对，顶生小叶卵形，边缘浅裂，侧生小叶自上而下渐小；边缘均有缘毛。总状花序花多数，形小。长角果成熟时自下而上弹性开裂。全草药用。

花果期：花期4~6月，果期5~7月。

分布：全国广布。

萝卜 *Raphanus sativus* 属萝卜属 科十字花科

形态特征：二年或一年生草本。直根肉质，长圆形、球形或圆锥形，外皮绿色、白色或红色；茎具粉霜。基生叶和下部茎生叶大头羽状半裂，顶裂片卵形，侧裂片4~6对，有钝齿，疏生粗毛。总状花序，花白色或粉红色。长角果圆柱形，有海绵质横隔。根作蔬菜食用。

花果期：花期4~5月，果期5~6月。

分布：全国各地普遍栽培。

青皮木 *Schoepfia jasminodora* 属青皮木属 科青皮木科

形态特征：落叶小乔木或灌木。新枝嫩时红色。叶纸质，卵形或卵状披针形，全缘，无毛；具短叶柄。螺旋状聚伞花序，总花梗红色，花萼杯状；花冠白色或淡黄色，钟形，顶端4~5裂，向外折，内面近花药处生一束丝状体。核果椭圆形，成熟时紫黑色。

花果期：花期3~5月，果期4~6月。

分布：南方大部分地区，北至陕甘。

金荞麦 *Fagopyrum dibotrys* 属 荞麦属 科 蓼科

形态特征：多年生草本。根状茎木质化，黑褐色茎直立，具纵棱，无毛。叶三角形，全缘，两面具乳头状突起或被柔毛；叶柄长可达10cm；托叶鞘筒状，膜质，偏斜。花序伞房状，顶生或腋生；花被5深裂，白色。瘦果宽卵形，具3锐棱。块根供药用。

花果期：花期7~9月，果期8~10月。

分布：西南及华东、华中、华南、西北部分地区。

火炭母 *Persicaria chinense* 属 蓼属 科 蓼科

形态特征：多年生草本，高达1m。叶柄基部两侧常各有一耳垂形的小裂片；叶片卵形或矩圆状卵形，全缘，下面有褐色小点；托叶鞘膜质，斜截形。花序头状，由数个组成圆锥状；花白色或淡红色；花被5深裂。瘦果卵形3棱，黑色，光亮。全草药用。

花果期：花期7~9月，果期8~10月。

分布：南方大部分地区，北至陕甘，西到西藏。

金线草 *Persicaria filiformis* 属 蓼属 科 蓼科

形态特征：多年生草本。根状茎粗壮；茎直立，具糙伏毛，有纵沟，节部膨大。叶椭圆形或长椭圆形，全缘，具糙伏毛；托叶鞘筒状，具短缘毛。总状花序呈穗状，小花排列稀疏；花被4深裂，红色。瘦果双凸镜状，有光泽，花被宿存。

花果期：花期7~8月，果期9~10月。

分布：陕甘南部及华东、华中、华南、西南部分地区。

丛枝蓼 *Persicaria posumbu* 属 蓼属 科 蓼科

形态特征：一年生草本。茎平卧或斜生，细弱。叶柄疏生长柔毛；叶宽披针形或卵状披针形；托叶鞘筒状，边缘生长睫毛。花序穗状，顶生或腋生；花排列稀疏，粉红色或白色；花被5深裂。瘦果卵形，有3棱，黑色，光亮。

花果期：花期6~9月，果期7~10月。

分布：辽宁、黑龙江、吉林至西南各地区广布，东到东南沿海，西至甘肃、西藏。

虎杖 *Reynoutria japonica* 属 虎杖属 科 蓼科

形态特征：多年生草本。茎丛生，中空，散生红色或紫红色斑点。叶片宽卵形或卵状椭圆形；托叶鞘膜质，早落。花单性，雌雄异株，成腋生的圆锥状花序；花被5深裂，裂片2轮，雌花背部生翅。瘦果有3棱，包于增大的翅状花被内。根状茎药用。

花果期：花期8~9月，果期9~10月。

分布：华东、华南、华中及部分西南、西北、东北地区。

酸模 *Rumex acetosa* 属 酸模属 科 蓼科

形态特征：多年生草本。茎直立，具深沟槽。基生叶和茎下部叶箭形，全缘或微波状；茎上部叶较小；托叶鞘膜质，易破裂。花序狭圆锥状，顶生；花单性，雌雄异株；雌花内花被片果时增大，外花被片反折。瘦果椭圆形，具3锐棱，两端尖。全草药用。

花果期：花期5~7月，果期6~8月。

分布：全国大部分地区。

雀舌草 *Stellaria alsine* 属繁缕属 科石竹科

形态特征：二年生草本。茎单一，细弱，有多数疏散分枝，无毛。叶无柄，矩圆形至卵状披针形，全缘或边缘浅波状。花序聚伞状，常有少数花顶生，或单花腋生；花瓣5，白色，2深裂几达基部。蒴果6裂，含多数种子。全草药用。

花果期：花期5~6月，果期7~8月。

分布：华东、华南、华中、西南部分地区及甘肃、内蒙。

鹅肠菜 *Stellaria aquaticum* 属繁缕属 科石竹科

形态特征：二年生或多年生草本。叶片卵形或宽卵形，上部叶常无柄或具短柄，疏生柔毛。顶生二歧聚伞花序；苞片叶状，边缘具腺毛；花梗细，花后伸长并向下弯，密被腺毛；花瓣白色，2深裂至基部。蒴果卵圆形，稍长于宿存萼。全草药用。

花果期：花期5~8月，果期6~9月。

分布：全国南北各省。

箐姑草 *Stellaria vestita* 属繁缕属 科石竹科

形态特征：多年生草本，全株被星状毛。茎疏丛生，铺散或俯仰。叶片卵形或椭圆形，全缘，背面中脉明显。聚伞花序疏散，具长花序梗；花瓣5，2深裂近基部；裂片线形，较花瓣短或近等长。蒴果卵萼形，6齿裂。全草药用，舒筋活血。

花果期：花期4~6月，果期6~8月。

分布：华东、华南、华中、西北、西南部分地区及河北部分地区。

蓝果树 *Nyssa sinensis* 属蓝果树属 科蓝果树科

形态特征：落叶大乔木。树皮粗糙，常裂成薄片脱落。叶纸质或薄革质，互生，椭圆形或长椭圆形，边缘略呈浅波状；叶柄长，淡紫绿色。花序伞形或短总状，花单性；雄花着生于叶已脱落的老枝上，花瓣早落；雌花生于具叶幼枝上。核果成熟时深蓝色。

花果期：花期4月下旬，果期9月。

分布：南方地区广布。

宁波溲疏 *Deutzia ningpoensis* 属 溲疏属 科 绣球花科

形态特征：落叶灌木。高达2m。小枝疏生星状毛。叶对生，有短柄；叶片狭卵形或披针形，边缘有小齿，被星状毛。花序圆锥状，有多数花，疏生星状毛；花瓣5，白色。蒴果近球形。

花果期：花期5~7月，果期9~10月。

分布：福建、浙江、江西、湖北、陕西、安徽。

中国绣球 *Hydrangea chinensis* 属 绣球属 科 绣球花科

形态特征：落叶灌木。老树皮呈薄片状剥落。叶薄纸质至纸质，长圆形或狭椭圆形，边缘具疏齿；叶柄被短柔毛。伞形状或伞房状聚伞花序顶生；花二型，不育花萼片椭圆形或卵圆形，孕性花萼筒杯状；花瓣黄色，基部具短爪。蒴果卵球形。

花果期：花期5~6月，果期9~10月。

分布：华东及部分华南、华中地区。

圆锥绣球 *Hydrangea paniculata* 属绣球属 科绣球花科

形态特征：灌木或小乔木。枝具凹条纹和圆形浅色皮孔。叶纸质，2~3片对生或轮生，卵形或椭圆形，边缘有密集稍内弯的小锯齿。圆锥状聚伞花序尖塔形，花二型；不育花较多，白色；孕性花萼筒陀螺状，白色。蒴果椭圆形。种子轮廓纺锥形，两端具翅。

花果期：花期7~8月，果期10~11月。

分布：南方大部分地区及甘肃。

蜡莲绣球 *Hydrangea strigosa* 属绣球属 科绣球花科

形态特征：灌木。小枝密被糙伏毛，树皮常呈薄片状剥落。叶纸质，长圆形或披针形，边缘有齿，密被腺体和糙伏毛；叶柄长1~7cm，被糙伏毛。伞房状聚伞花序大；花二型，不育花萼片白色或淡紫红色；孕性花淡紫红色，萼筒钟状，早落。蒴果坛状。种子两端具翅。

花果期：花期7~8月，果期11~12月。

分布：陕西、四川、贵州、湖北、湖南、云南。

疏花山梅花 *Philadelphus laxiflorus* 属 山梅花属 科 绣球花科

形态特征：灌木。2年生小枝表皮薄片状脱落。叶长椭圆形或卵状椭圆形，边缘具锯齿，被糙伏毛，叶脉离基出3~5条。总状花序，花冠盘状，白色。蒴果椭圆形。种子具短尾。

花果期：花期5~6月，果期8月。

分布：陕西、甘肃、青海、河南、山西、湖北。

钻地风 *Schizophragma integrifolium* 属 钻地风属 科 绣球花科

形态特征：落叶木质藤本。叶对生，卵形至椭圆形，全缘或有极疏小齿，有长柄。伞房式聚伞花序顶生，疏散；花二型；不孕花具1枚萼瓣，萼瓣乳白色，老时棕色；孕性花绿色，小。蒴果陀螺状，具纵棱，室背开裂。

花果期：花期6~7月，果期10~11月。

分布：南方地区广布。

毛八角枫 *Alangium kurzii* 属 八角枫属 科 山茱萸科

形态特征：落叶小乔木，稀灌木。树皮深褐色，平滑；当年生枝紫绿色、被毛。叶互生，纸质，近圆形或阔卵形，两侧不对称，全缘。聚伞花序；花萼漏斗状；花瓣6~8，线形，基部黏合，上部开花时反卷，初白色，后变淡黄色。核果成熟后黑色，顶端有宿存萼齿。

花果期：花期5~6月，果期9月。

分布：华南、华中及部分华东、西南、华北地区。

灯台树 *Cornus controversa* 属 山茱萸属 科 山茱萸科

形态特征：落叶乔木。当年生枝条紫红色，无毛。叶互生，宽卵形或宽椭圆形，正面深绿色，背面灰绿色，疏生贴伏柔毛；叶柄长。伞房状聚伞花序顶生，花小，白色；萼齿三角形。核果球形，紫红色至蓝黑色。

花果期：花期5~6月，果期7~8月。

分布：辽宁以南我国湿润区或半湿润区，西至甘肃、西藏。

四照花 *Cornus kousa* subsp. *chinensis* 属山茱萸属 科山茱萸科

形态特征：落叶小乔木。叶对生，纸质或厚纸质，椭圆状披针形或卵状披针形，正面绿色，疏生白色细伏毛，背面粉绿色，被白色柔毛。头状花序球形，小花数量繁多；总苞片4，白色带红色；花小，花萼管状，上部4裂，内侧有一圈褐色短柔毛。果序球形，成熟时红色，味甜可食。

分布：华北、华中、华东、西南、西北地区。

梾木 *Cornus macrophylla* 属山茱萸属 科山茱萸科

形态特征：乔木或灌木。树皮黑灰色，纵裂；幼枝绿色，有棱角。叶对生，厚纸质，椭圆形或长圆卵形，边缘微波状，叶背微带白色；叶柄粗壮，基部稍膨大呈鞘状。伞房状聚伞花序顶生，密被黄色短柔毛；花小，白色。核果黑色，被毛。

花果期：花期7~8月；果期9~10月。

分布：华东、华南及华中、西南、西北部分地区。

牯岭凤仙花 *Impatiens davidii* 属凤仙花属 科凤仙花科

形态特征：一年生草本。茎粗壮，肉质，下部节膨大。叶互生；叶片膜质，卵状长圆形或卵状披针形，边缘有粗圆齿，齿端具小尖；叶柄长。1花梗上仅具1花，中上部有2枚苞片，宿存；花淡黄色；旗瓣背面中肋具绿色鸡冠状突起，唇瓣囊状，具黄色条纹。蒴果线状圆柱形。

花果期：花期7~9月。

分布：江西、浙江、福建、湖北、湖南、广东、安徽。

杨桐 *Adinandra millettii* 属杨桐属 科五列木科

形态特征：灌木或小乔木。叶互生，革质，长圆状椭圆形，边全缘，正面亮绿色，背面淡绿色或黄绿色。花单朵腋生，花梗纤细；小苞片2，早落；萼片5，边缘具纤毛和腺点；花白色。果圆球形，熟时黑色，花柱宿存。

花果期：花期5~7月，果期8~10月。

分布：部分华东、华中、华南和西南地区。

红淡比 *Cleyera japonica* 属红淡比属 科五列木科

形态特征：小乔木或灌木，全株除花外无毛。小枝有棱角，顶芽显著。叶革质，椭圆形至倒卵形，全缘，正面光亮。花白色，单生或簇生叶腋；苞片微小；萼片5，有仟毛。浆果成熟时紫黑色，花萼宿存；种子多数。

花果期：花期5~6月，果期10~11月。

分布：长江流域及以南各地区。

厚叶红淡比 *Cleyera pachyphylla* 属红淡比属 科五列木科

形态特征：灌木或小乔木，全株无毛。叶互生，厚革质，长圆形，边缘疏生细锯齿，稍反卷，叶背密被红色腺点；叶柄粗壮。花1~3朵腋生；苞片2，早落。果实圆球形，成熟时黑色，萼片宿存。

花果期：花期6~7月，果期10~11月。

分布：部分华东、华中、华南地区。

微毛柃 *Eurya hebeclados* 属柃属 科五列木科

形态特征：灌木或小乔木。叶革质，椭圆形或长圆状倒卵形，边缘有浅细齿，齿端紫黑色，叶正面浓绿色，有光泽，叶背黄绿色。花4~7朵簇生于叶腋；花白色。果实圆球形，成熟时蓝黑色，萼片宿存。冬季蜜源植物。

花果期：花期12月至翌年1月，果期8~10月。

分布：华中及华东、华南、西南部分地区。

细齿叶柃 *Eurya nitida* 属柃属 科五列木科

形态特征：灌木或小乔木，全株无毛。叶薄革质，椭圆形或倒卵状长圆形，边缘密生锯齿，正面深绿色，有光泽，背面淡绿色。花1~4朵簇生于叶腋，花白色，小苞片2，萼片状；萼片5，膜质，近圆形。果实圆球形，成熟时蓝黑色。冬季蜜源植物。

花果期：花期11月至翌年1月，果期翌年7~9月。

分布：南方大部分地区。

窄基红褐柃 *Eurya rubiginosa* var. *attenuata* 属柃属 科五列木科

形态特征： 灌木，全株无毛。嫩枝黄绿色，具明显2棱。叶革质，常卵状披针形，较窄，边缘密生细锯齿，干后稍反卷；侧脉斜出；有显著叶柄。花1~3朵簇生于叶腋；小苞片2，细小；萼片几无，花柱有时几分离。果实圆球形，成熟时紫黑色。

花果期： 花期10~11月，果期翌年5~8月。

分布： 部分华东、华中、华南、西南地区。

厚皮香 *Ternstroemia gymnanthera* 属厚皮香属 科五列木科

形态特征： 灌木或小乔木，全株无毛，树皮平滑。叶革质，常聚生于枝端，椭圆形至倒卵形，边全缘。花两性或单性，淡黄白色；两性花，小苞片2，边缘具腺状齿突；萼片5，边缘常疏生线状齿突。果实圆球形，小苞片和萼片均宿存。

花果期： 花期5~7月，果期8~10月。

分布： 南方大部分地区广布。

君迁子 *Diospyros lotus* 属 柿属 科 柿树科

形态特征：落叶大乔木，树冠近球形。树皮深裂或厚块状剥落。叶近膜质，椭圆形至长椭圆形，有柔毛。雄花1~3朵腋生，花冠壶形，带红色或淡黄色；花萼钟形，内有绢毛，边缘有睫毛。雌花单生，淡绿色或带红色。果实成熟后蓝黑色，常被白色薄蜡层，可食用。

花果期：花期5~6月，果期10~11月。

分布：华东、华中、辽宁及部分华北、西北、西南地区。

罗浮柿 *Diospyros morrisiana* 属 柿属 科 柿树科

形态特征：乔木或小乔木。树皮呈片状剥落。叶薄革质，长椭圆形或下部的为卵形，叶缘微背卷；叶柄具狭翅。雄花序短小被毛，聚伞花序式；花带白色，花冠近壶形，花萼钟状；4裂，反曲，雌花单生，花萼浅杯状，4裂。果球形，黄色，有光泽。

花果期：花期5~6月，果期11月。

分布：部分华东、西南、华南地区。

大罗伞树 *Ardisia hanceana* 属紫金牛属 科报春花科

形态特征：灌木。茎通常粗壮，无毛。叶片坚纸质或略厚，椭圆状或长圆状披针形，背面近边缘通常具隆起的疏腺点，被细鳞片，边缘通常明显反卷。复伞房状伞形花序，着生于顶端下弯的侧生特殊花枝尾端，白色或带紫色。果球形，深红色。

花果期：花期5~6月，果期11~12月。

分布：部分华东、华中、华南地区。

紫金牛 *Ardisia japonica* 属紫金牛属 科报春花科

形态特征：小灌木或亚灌木，近蔓生。具匍匐生根的根茎。叶对生或近轮生，叶片坚纸质或近革质，椭圆形至椭圆状倒卵形，边缘具细锯齿，具腺点。亚伞形花序，花瓣粉红色或白色，花萼基部连合，具缘毛。果球形，鲜红色转黑色，具腺点。全株药用。

花果期：花期5~6月，果期11~12月。

分布：陕西及长江流域以南除海南外各地区。

矮桃 *Lysimachia clethroides* 属 珍珠菜属 科 报春花科

形态特征：多年生草本，全株多少被黄褐色卷曲柔毛。根茎横走，淡红色。叶互生，长椭圆形或阔披针形，两面散生黑色粒状腺点。总状花序顶生，花密集，常转向一侧，后渐伸长；花冠白色。蒴果近球形。全草入药。

花果期：花期5~7月，果期7~10月。

分布：南方大部分地区及辽宁。

临时救 *Lysimachia congestiflora* 属 珍珠菜属 科 报春花科

形态特征：多年生草本。茎下部匍匐，节上生根，密被卷曲柔毛。叶对生，叶片卵形、阔卵形以至近圆形，近等大，被具节糙伏毛，近边缘有腺点。花2~4朵集生茎端和枝端成近头状的总状花序；花冠黄色，基部合生，内面紫红色。蒴果球形。全草入药。

花果期：花期5~6月；果期7~10月。

分布：东南沿海至西藏青海广布，及陕甘地区。

星宿菜 *Lysimachia fortunei* 属珍珠菜属 科报春花科

形态特征：多年生草本，全株无毛。根状茎横走，紫红色。茎直立，有黑色腺点，基部紫红色。叶互生，叶片长圆状披针形至狭椭圆形，两面均有黑色腺点，干后成粒状突起。总状花序顶生，细瘦，花白色。蒴果球形。民间常用草药。

花果期：花期6～8月，果期8～11月。

分布：华南和部分华东、华中地区。

长梗过路黄 *Lysimachia longipes* 属珍珠菜属 科报春花科

形态特征：一年生草本，全体无毛。叶对生，卵状披针形，两面均有暗紫色或黑色腺点及短腺条，沿边缘尤密；无柄或近于无柄。花4～11朵成疏松总状花序；苞片小，钻形；花萼有暗紫色腺条和腺点，边缘膜质；花冠黄色，基部合生。蒴果褐色。

花果期：花期5～6月，果期6～7月。

分布：部分华东、华中地区。

杜茎山 *Maesa japonica* 属杜茎山属 科报春花科

形态特征：灌木，直立有时外倾或攀援。叶片革质，椭圆形至披针形，几全缘或具疏齿，无毛。总状花序或圆锥花序；萼片具脉状腺条纹，有细缘毛；花冠白色，长钟形，具脉状腺条纹。果球形，肉质可食、微甜，宿存萼包果顶端。

花果期：花期1~3月，果期10月或5月。

分布：南方大部分地区。

尖连蕊茶 *Camellia cuspidata* 属山茶属 科山茶科

形态特征：常绿灌木。叶革质，卵状披针形或椭圆形，边缘密具细锯齿。花单独顶生；花萼杯状；花冠白色，基部连生，并与雄蕊的花丝贴生。蒴果圆球形，有宿存苞片和萼片，果皮薄。

花果期：花期4~7月。

分布：秦岭以南大部分地区。

毛柄连蕊茶 *Camellia fraterna* 属山茶属 科山茶科

形态特征：灌木或小乔木，嫩枝密生柔毛或长丝毛。叶革质，椭圆形，边缘有钝锯齿；叶柄有柔毛。花常单生于枝顶；苞片被毛；萼杯状；花冠白色有丝毛，基部与雄蕊连生。蒴果圆球形，果壳薄革质。

花果期：花期4~5月。

分布：华东大部分地区和部分华中地区。

油茶 *Camellia oleifera* 属山茶属 科山茶科

形态特征：灌木或中乔木。嫩枝有粗毛。叶革质，椭圆形、长圆形或倒卵形，中脉有毛，边缘有齿；叶柄有粗毛。花顶生，近无柄，苞片与萼片由外向内逐渐增大；花瓣白色，近离生，背面有丝毛，花丝有连生现象。蒴果早春裂开。重要的木本油料作物。

花果期：花期冬春间。

分布：秦岭以南大部分地区。

茶 *Camellia sinensis* 属 山茶属 科 山茶科

形态特征：落叶灌木或小乔木。叶薄革质，椭圆状披针形至倒卵状披针形，有短锯齿。花白色，1~4朵腋生，花梗下弯；萼片宿存；雄蕊多数，外轮花丝合生成短管。蒴果球形。叶供制茶，根入药。

花果期：花期10月至翌年2月，果期翌年10月。

分布：长江流域及以南各地栽培。

木荷 *Schima superba* 属 木荷属 科 山茶科

形态特征：常绿大乔木。叶革质或薄革质，椭圆形，边缘有钝齿。花生于枝顶叶腋，常多朵排成总状花序，白色；苞片2，贴近萼片，早落；萼片内面有绢毛；花瓣最外1片风帽状，边缘有毛。蒴果扁球形。

花果期：花期6~8月。

分布：华南和部分华东、华中、西南地区。

薄叶山矾 *Symplocos anomala* 属 山矾属 科 山矾科

形态特征： 小乔木或灌木。顶芽、嫩枝被褐色柔毛。叶薄革质，狭椭圆形、椭圆形或卵形，全缘或具锐锯齿，叶面有光泽。总状花序腋生，被柔毛；花冠白色，有桂花香，5深裂几达基部。核果褐色，被短柔毛，有明显的纵棱，顶端宿萼裂片直立或向内伏。

花果期： 4~12月，边开花边结果。

分布： 南方大部分地区，西至西藏。

光叶山矾 *Symplocos lancifolia* 属 山矾属 科 山矾科

形态特征： 小乔木。芽、嫩枝、嫩叶背面脉上、花序均被黄褐色柔毛。叶纸质或近膜质，卵形至阔披针形，边缘具浅钝锯齿。穗状花序；花萼5裂，被微柔毛；花冠淡黄色，5深裂几达基部。核果近球形，顶端宿萼裂片直立。叶可作茶，根药用。

花果期： 花期3~11月，果期6~12月；边开花边结果。

分布： 华南及部分华东、华中、西南地区。

白檀 *Symplocos paniculata* 属 山矾属 科 山矾科

形态特征：落叶灌木或小乔木。嫩枝有灰白色柔毛，老枝无毛。叶膜质或薄纸质，椭圆形或倒卵形，边缘有齿。圆锥花序；苞片条形，有褐色腺点；花萼淡黄色，有纵脉纹，边缘有毛；花冠白色，深裂几达基部；雄蕊多数。核果熟时蓝色，顶端宿萼裂片直立。叶药用，根皮、叶作农药。

花果期：花期4~5月，果期8~9月。

分布：东北、华中、华南、西北东部及华北、西南大部分地区。

老鼠矢 *Symplocos stellaris* 属 山矾属 科 山矾科

形态特征：常绿乔木。小枝粗，髓心中空，具横隔；芽、嫩枝、嫩叶柄、苞片和小苞片均被红褐色绒毛。叶厚革质，叶背粉褐色，披针状或狭长圆状椭圆形，常全缘；叶柄有纵沟。团伞花序着生二年生枝的叶痕上；花冠白色，5深裂几达基部，花丝基部合生成5束。核果顶端宿萼裂片直立。

花果期：花期4~5月，果期6月。

分布：华东、华南、西南部分地区。

◈ 山矾 *Symplocos sumuntia* 属山矾属 科山矾科

形态特征：常绿灌木或小乔木。叶薄革质，卵形、狭倒卵形、倒披针状椭圆形，边缘具齿。总状花序被展开的柔毛；苞片早落，密被柔毛；花萼筒倒圆锥形，无毛；花冠白色，5深裂几达基部；雄蕊多数，花丝基部稍合生。核果卵状坛形，外果皮薄而脆。根、叶、花药用。

花果期：花期2~3月，果期6~7月。

分布：华南及华东、华中、西南部分地区。

◈ 垂珠花 *Styrax dasyanthus* 属安息香属 科安息香科

形态特征：落叶乔木。嫩枝、叶片、叶柄、花梗、花萼、果被毛。叶革质，倒卵形至椭圆形，边缘有细锯齿；叶柄具沟槽。圆锥或总状花序具多花，花白色；花冠外面密被短柔毛；花丝扁平，下部联合成管，上部分离。果实顶端具短尖头，果皮薄。

花果期：花期3~5月，果期9~12月。

分布：华东、华中、西南、华北部分地区。

玉铃花 *Styrax obassia* 属安息香属 科安息香科

形态特征：灌木或小乔木。叶两型，小枝下部的叶较小而近对生，上部的叶互生，椭圆形至宽倒卵形；叶柄基部膨大成鞘状而包着冬芽，叶下面生灰白色星状绒毛。花白色或略带粉色，总状花序，芳香；花冠裂片5，在花蕾中作覆瓦状排列。果卵形，顶具凸尖，密被绒毛。

花果期：花期5～7月，果期8～9月。

分布：部分东北、华东、华中地区。

中华猕猴桃 *Actinidia chinensis* 属猕猴桃属 科猕猴桃科

形态特征：大型落叶藤本。幼枝、叶柄、萼片及花柄密生灰棕色柔毛；髓大，白色，片状。叶片纸质，圆形、卵圆形，边缘有刺毛状齿，叶背密生绒毛。聚伞花序，花开时白色，后变黄色；雄蕊多数；花柱丝状。浆果密生棕色长毛，水果。

花果期：花期4～5月，果期8～10月。

分布：广布长江流域以南各地区，北到陕西、河南。

小叶猕猴桃 *Actinidia lanceolata* 属 猕猴桃属 科 猕猴桃科

形态特征：小型落叶藤本。着花小枝、叶柄、花序密被锈褐色短茸毛；髓褐色，片层状。叶纸质，卵状椭圆形至椭圆披针形，边缘有小锯齿，背面密被灰白色星状茸毛。聚伞花序二回分歧，有花数朵，淡绿色。果小，绿色，秃净，有显著的浅褐色斑点。

花果期：花期5～6月，果期11月。

分布：部分华东、华中、华南地区。

对萼猕猴桃 *Actinidia valvata* 属 猕猴桃属 科 猕猴桃科

形态特征：中型落叶藤本。髓白色，实心。叶近膜质，阔卵形至长卵形，边缘有细锯齿，无毛；叶柄水红色。花序2～3花或单生，花白色；花丝丝状，子房瓶状。果成熟时橙黄色，卵珠状，顶端有尖喙，基部有反折的宿存萼片。

花果期：花期5月上旬。

分布：部分华东、华中、华南地区。

毛果珍珠花 *Lyonia ovalifolia* var. *hebecarpa* 属 珍珠花属 科 杜鹃花科

形态特征：灌木或小乔木。冬芽长卵圆形，淡红色，无毛。叶革质，叶卵形、倒卵形或椭圆形。总状花序生于叶腋，小苞片早落；花冠白色，筒状，外面疏被柔毛，裂片向外反折；花丝线形，顶端有2枚芒状附属物。蒴果近于球形，密被柔毛。

花果期：花期5~6月，果期7~9月。

分布：华东、华南、西南大部分地区及湖北、陕西。

马醉木 *Pieris japonica* 属 马醉木属 科 杜鹃花科

形态特征：灌木或小乔木。冬芽倒卵形，芽鳞呈覆瓦状排列。叶革质，密集枝顶，椭圆状披针形，边缘具细圆齿；叶柄腹面有深沟，背面圆形，微被柔毛。总状花序或圆锥花序顶生或腋生；花冠白色，坛状，上部浅5裂；花丝纤细，有长柔毛。蒴果近扁球形。叶有毒，可作杀虫剂。

花果期：花期4~5月，果期7~9月。

分布：部分华东、华中地区。

云锦杜鹃 *Rhododendron fortunei* 属杜鹃花属 科杜鹃花科

形态特征：常绿灌木或小乔木。主干弯曲，树皮片状开裂；顶生冬芽阔卵形，无毛。叶厚革质，长圆形至椭圆形；叶柄长，有稀疏腺体。顶生总状伞形花序疏松，有香味；花冠漏斗状钟形，粉红色，顶端圆或波状；花丝白色。蒴果褐色，有肋纹及腺体残迹。

花果期：花期4~5月，果期8~10月。

分布：南方大部分地区及陕西、河南。

鹿角杜鹃 *Rhododendron latoucheae* 属杜鹃花属 科杜鹃花科

形态特征：常绿灌木或小乔木。叶集生枝顶，近于轮生，革质，卵状椭圆形或长圆状披针形，边缘反卷。花芽长圆状锥形，顶端锐尖；花单生枝顶叶腋，枝端具花1~4朵；花冠白色或带粉红色，5深裂。蒴果圆柱形，具纵肋，先端截形，花柱宿存。

花果期：花期3~4月，果期7~10月。

分布：华东、华南、华中、西南部分地区。

满山红 *Rhododendron mariesii* 属杜鹃花属 科杜鹃花科

形态特征：落叶灌木。枝轮生。叶厚纸质或近于革质，常集生枝顶，椭圆形、卵状披针形或三角状卵形，边缘微反卷；叶脉上凹下凸。花通常2朵顶生，先花后叶；花萼环状，密被柔毛；花冠漏斗形，淡紫红色或紫红色，上方裂片具紫红色斑点。蒴果密被长柔毛。

花果期：花期4~5月，果期6~11月。

分布：长江流域以南常见。

马银花 *Rhododendron ovatum* 属杜鹃花属 科杜鹃花科

形态特征：常绿灌木。幼枝有疏生具柄的腺和柔毛。叶革质，卵形，有明显的凸尖头；叶柄有柔毛。花单生枝顶叶腋，白紫色、有粉红色点；花梗有短柄腺体和白粉；花萼大，短萼筒外面有白粉和腺体。蒴果有短柔毛和疏腺体，有增大的宿存花萼包围。

花果期：花期4~5月，果期7~10月。

分布：南方大部分地区。

杜鹃 *Rhododendron simsii* 属杜鹃花属 科杜鹃花科

形态特征：落叶灌木。分枝多而纤细，叶柄、花芽、花梗、果密被棕褐色糙伏毛。叶革质，常集生枝端，卵形至倒披针形，边缘微反卷，具细齿，被糙伏毛。花簇生枝顶；花萼5深裂，边缘具睫毛；花冠阔漏斗形，玫瑰色、鲜红色或暗红色，上部裂片具深红色斑点。蒴果卵球形，花萼宿存。典型酸性土指示植物。

花果期：花期4～5月，果期6～8月。

分布：南方各地区广布。

南烛 *Vaccinium bracteatum* 属越橘属 科杜鹃花科

形态特征：常绿灌木，分枝多。叶革质，椭圆状卵形、狭椭圆形或卵形，边缘有尖硬细齿。总状花序顶生或腋生，有微柔毛；苞片大，宿存；花梗短；花萼5浅裂，裂片三角形，有细柔毛；花冠白色，通常下垂，筒状卵形。浆果球形，熟时紫黑色，味甜可食。

花果期：花期6～7月，果期8～10月。

分布：华东、华南，部分西南、华中地区。

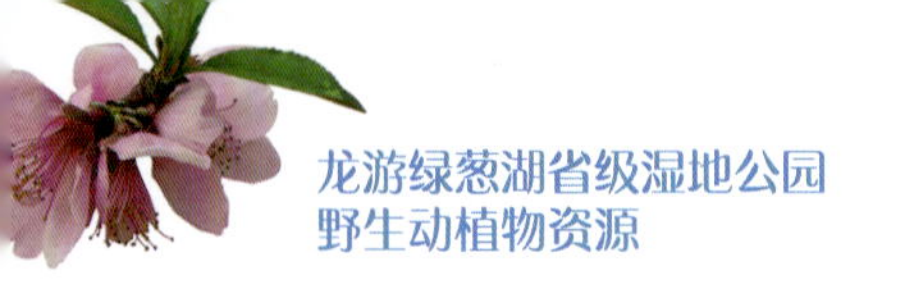

短尾越橘 *Vaccinium carlesii* 属越橘属 科杜鹃花科

形态特征：常绿灌木或乔木，分枝多，枝条细。叶密生，革质，卵状披针形或长卵状披针形，边缘有疏浅锯齿。总状花序；萼齿三角形；花冠白色，宽钟状，口部张开，5裂几达中部，顶端反折；雄蕊内藏；花柱伸出花冠外。浆果球形，熟时紫黑色，常被白粉。

花果期：花期5～6月，果期8～10月。

分布：部分华东、华中、华南、西南地区。

黄背越橘 *Vaccinium iteophyllum* 属越橘属 科杜鹃花科

形态特征：常绿灌木至小乔木。叶革质，椭圆形，边缘有疏锯齿或近全缘，叶脉明显；叶柄下面有较密短毛。总状花序腋生，总轴、花梗和花萼有短柔毛；花冠白色或带粉红，筒状，口部浅5裂。浆果球形，红色，可食。

花果期：花期4～5月，果期6月以后。

分布：长江以南各地区，西至西藏。

江南越橘 *Vaccinium mandarinorum* 属越橘属 科杜鹃花科

形态特征：常绿灌木或小乔木。叶片厚革质，卵形或长圆状披针形，边缘有细锯齿。总状花序有多数花；萼筒无毛，有萼齿；花冠白色，有时带淡红色，微香，筒状或筒状坛形，口部稍缢缩或开放，直立或反折；雄蕊内藏。浆果熟时紫黑色。

花果期：花期4~6月，果期6~10月。

分布：华东、华南、华中、西南部分地区。

刺毛越橘 *Vaccinium trichocladum* 属越橘属 科杜鹃花科

形态特征：常绿小乔木。幼枝密被其腺长刚毛和短糙毛。叶革质，卵状披针形至近椭圆形，边缘有带弯小锯齿。总状花序，花梗短；花萼裂片短，宽三角形，急尖；花冠白色，筒状坛形，下垂，无毛，裂齿反折。浆果淡红棕色，被糙毛。

花果期：花期4月，果期5~9月。

分布：部分华东、华南、西南地区。

狗骨柴 *Diplospora dubia* 属狗骨柴属 科茜草科

形态特征： 灌木或小乔木，除花序外几全株无毛。叶对生，革质，矩圆形或卵状矩圆形；托叶基部合生。聚伞花序排成伞房状，腋生，稠密多花；总花梗很短；花黄绿色，花冠筒短，反折；雄蕊生喉部，伸出。浆果近球状，橙红色，顶有萼檐残迹。

花果期： 花期5~6月，果期7~10月。

分布： 华南、华东及部分华中、西北地区。

香果树 *Emmenopterys henryi* 属香果树属 科茜草科

形态特征： 落叶大乔木，高达30m。叶对生，有长柄，革质，宽椭圆形至宽卵形，长达20cm；托叶大，早落。聚伞花序排成顶生大型圆锥花序状，常疏松；花大，白色或黄色，花冠漏斗状；花萼近陀螺状。蒴果近纺锤状，成熟时红色。种子很多，小而有阔翅。

花果期： 花期6~8月，果期8~11月。

分布： 秦岭以南地区广布，陕西、甘肃。

栀子 *Gardenia jasminoides* 属 栀子属 科 茜草科

形态特征：灌木。叶对生或3叶轮生，有短柄；叶片革质，形状和大小常有很大差异，通常椭圆状倒卵形或矩圆状倒卵形；托叶鞘状。花大，白色，芳香，单生枝顶；花冠高脚碟状，花药露出。果黄色，有5~9条翅状直棱。

花果期：花期3~7月，果期5月至翌年2月。

分布：华东、华南及部分华中、西南、西北、华北地区。

金毛耳草 *Hedyotis chrysotricha* 属 耳草属 科 茜草科

形态特征：多年生披散草本，全部被金黄色硬毛。叶对生，具短柄，椭圆形或卵形；托叶短合生，上部长凸尖，边缘具疏齿。花序腋生，短，有花1~3朵；花冠白色和淡紫色，漏斗状。蒴果球形，具纵脉数条，有宿存的萼檐裂片，成熟时不开裂。

花果期：花期6~8月，果熟期7~9月。

分布：广布于长江以南各地区。

羊角藤 *Morinda umbellata* subsp. *obovata* 属 巴戟天属 科 茜草科

形态特征：藤本，攀援或缠绕。老枝具细棱，蓝黑色。叶纸质或革质，倒卵形至倒卵状长圆形，全缘；叶柄常被粒状疏毛；托叶筒状，干膜质。头状花序生于枝顶，无花梗；花冠白色，稍呈钟状，顶部向内钩状弯折。聚花核果成熟时红色。

花果期：花期6～7月，果熟期10～11月。

分布：华南、华东大部分地区及部分华中地区。

大叶白纸扇 *Mussaenda shikokiana* 属 玉叶金花属 科 茜草科

形态特征：直立或攀援灌木，嫩枝密被短柔毛。叶对生，薄纸质，广卵形或广椭圆形；托叶常2深裂，短尖，被毛。聚伞花序顶生，有花序梗，花疏散；苞片托叶状，较小；花萼管陀螺形，萼裂片近叶状，白色；花冠黄色，上部略膨大，被毛。浆果近球形。

花果期：花期6～7月，果期8～10月。

分布：华东、华南、华中、西南部分地区。

日本蛇根草 *Ophiorrhiza japonica* 属蛇根草属 科茜草科

形态特征：直立、近无毛草本。干后茎、叶变红色，幼枝具棱，老枝圆柱形。叶对生，膜质，卵形或卵状椭圆形；叶柄纤细。聚伞花序顶生，二歧分枝，花白色或粉红色；小苞片被毛，条形；萼筒宽陀螺状球形；花冠漏斗状，裂片开展，短尖，里面被微柔毛；雄蕊内藏。蒴果菱形。

花果期：花期11月至翌年5月，果期4～6月。

分布：广布于长江以南大部分地区及部分华北地区。

鸡矢藤 *Paederia foetida* 属鸡矢藤属 科茜草科

形态特征：藤本，多分枝。叶对生，纸质，形状和大小变异很大，宽卵形至披针形。聚伞花序排成顶生带叶的大圆锥花序或腋生而疏散少花，末回分枝常延长，一侧生花；花冠浅紫色，被毛，顶部5裂。果球形，成熟时近黄色，有光泽，平滑，顶冠以宿存的萼檐裂片和花盘。

花果期：花期5～8月，果期9～11月。

分布：华东、华南、华中及西北、华北、西南部分地区。

东南茜草 *Rubia argyi* 属茜草属 科茜草科

形态特征：多年生草质藤本。茎、枝均有4直棱或4狭翅，棱上有倒生钩状皮刺，无毛。叶4片轮生，通常一对较大，一对较小，叶片纸质，心形至阔卵状心形，基出脉上凹下凸；叶柄有直棱，棱上多皮刺。聚伞花序分枝成圆锥花序式，花白色。浆果成熟时黑色。

花果期：花期7~9月,果期9~11月。

分布：华中及华东、华南大部分地区，部分西北、西南地区。

白马骨 *Serissa serissoides* 属白马骨属 科茜草科

形态特征：小灌木。枝粗壮，被短毛。叶通常丛生，薄纸质，倒卵形或倒披针形；托叶具锥形裂片，膜质，被疏毛。花无梗，生于小枝顶部，有苞片；萼檐裂片5，坚挺延伸呈披针状锥形，极尖锐；花药内藏。

花果期：花期4~6月。

分布：华东、华南大部分地区，部分华中地区。

白花苦灯笼 *Tarenna mollissima* 属乌口树属 科茜草科

形态特征：灌木或小乔木，全株密被柔毛。叶对生，长椭圆形、矩圆状披针形至卵形，干时变黑褐色，被毛聚伞花序顶生，伞房状，稠密而多花，密被短柔毛；花白色，有短梗；花萼和花冠均密被绢质柔毛。浆果近球状，黑色。

花果期：花期5~7月，果期5月至翌年2月。

分布：华东、华南大部分地区。

五岭龙胆 *Gentiana davidii* 属龙胆属 科龙胆科

形态特征：多年生草本。主茎粗壮，发达，有多数较长分枝。叶线状披针形或椭圆状披针形，边缘微外卷，有乳突，叶脉明显。花多数，簇生枝端呈头状，被包围于最上部的苞叶状的叶丛中；无花梗；花冠蓝色，狭漏斗形。蒴果；种子具蜂窝状网隙。

花果期：6~11月。

分布：部分华东、华中、华南地区。

浙江獐牙菜 *Swertia hickinii* 属獐牙菜属 科龙胆科

形态特征：一年生草本。茎直立，四棱形，棱上具窄翅，常带紫色。叶几无柄，叶片披针形或线状椭圆形至匙形。圆锥状复聚伞花序开展，多花；花冠白色，稀淡蓝色，裂片基部具囊状腺窝，具长柔毛状流苏；花丝线形。

花果期：花期10~11月。

分布：部分华东、华中、华南地区。

双蝴蝶 *Tripterospermum chinense* 属双蝴蝶属 科龙胆科

形态特征：多年生缠绕草本。茎具棱或条纹，少分枝。基部叶密集呈莲座状，叶片椭圆形；茎生叶对生，卵状披针形至卵形，三出脉。花大，顶生或1~3朵簇生叶腋，紫色；花萼具龙骨状突起；花冠漏斗状，裂片间有宽褶。蒴果矩圆形。种子具盘状双翅。

花果期：10~12月。

分布：部分华东、华南地区。

络石 *Trachelospermum jasminoides* 属络石属 科夹竹桃科

形态特征：常绿木质藤本，长达10m，具乳汁。嫩枝被柔毛。叶对生，具短柄，椭圆形或卵状披针形，叶背被短柔毛。二歧聚伞花序成圆锥状；花萼5深裂，反卷；花冠白色，高脚碟状，花冠筒中部膨大。蓇葖果双生。种子顶端具种毛。根、茎、叶、果药用。

花果期：花期3~7月，果期7~12月。

分布：除新疆、青海、西藏及东北地区外，各地区均有分布。

厚壳树 *Ehretia acuminata* 属厚壳树属 科紫草科

形态特征：落叶乔木。具条裂的黑灰色树皮。叶纸质，椭圆形、狭倒卵形或狭椭圆形，边缘有细锯齿。聚伞花序圆锥状，疏生短毛；花在花序分枝上密集，白色有香气；花萼钟状，5浅裂。核果桔红色，近球形。叶、心材、树枝入药。

花果期：4~6月。

分布：西南、华南、华东、华中部分地区。

浙赣车前紫草 *Sinojohnstonia chekiangensis* 属 车前紫草属 科 紫草科

形态特征：根状茎多条，细长；茎数条，细弱。基生叶数个，叶片长卵形，密生短糙毛；叶柄长达12cm，茎生叶较小。花序含多数花，无苞片，密生短伏毛；花冠漏斗状，白色或稍带淡红色。小坚果4，碗状突起的边缘内折。

花果期：4~5月。

分布：部分华东、华中、西北、华北地区。

附地菜 *Trigonotis peduncularis* 属 附地菜属 科 紫草科

形态特征：一年或二年生草本。茎常密集，铺散，被短糙伏毛。基生叶呈莲座状，有叶柄，叶片匙形，被糙伏毛，茎上部叶长圆形或椭圆形，无叶柄或具短柄。花序生茎顶，幼时卷曲；花冠淡蓝色或粉色，喉部附属物白色或带黄色。小坚果四面体形。全草入药，嫩叶蔬食。

花果期：4~7月。

分布：东北、华北、西北及部分西南、华南、华东地区。

浙皖粗筒苣苔 *Oreocharis chienii* 属马铃苣苔属 科苦苣苔科

形态特征：多年生草本，叶片、叶柄、花序梗、花萼均被毛。叶全部基生，有柄；叶片椭圆状长圆形或狭椭圆形，边缘有锯齿。聚伞花序2次分枝，每花序具1~5花；萼片裂至基部；花冠紫红色，内面具紫色斑点，下方肿胀。蒴果顶端具短尖头。

花果期：花期9月，果期10月。

分布：浙江、安徽、江西。

车前 *Plantago asiatica* 属车前属 科车前科

形态特征：多年生草本。有须根。叶基生呈莲座状，卵形或宽卵形，边缘近全缘、波状，或有疏齿。花葶数个，有短柔毛；穗状花序具绿白色疏生花；苞片宽三角形，较萼裂片短，二者均有绿色宽龙骨状突起；雄蕊与花柱明显外伸。蒴果椭圆形，周裂。全草和种子药用。

花果期：花期4~8月，果期6~9月。

分布：几遍全国。

阿拉伯婆婆纳 *Veronica persica* 属婆婆纳属 科玄参科

形态特征：铺散多分枝草本。茎密生两列柔毛。叶2~4对，具短柄，卵形或圆形，边缘具钝齿，两面疏生柔毛。总状花序很长；苞片互生，与叶同形且几乎等大；花冠蓝色、紫色或蓝紫色，喉部疏被毛。蒴果肾形，网脉明显，宿存花柱超出凹口。

花果期：花期3~5月。

分布：华东、华中、西南及部分西北、华北地区。

玄参 *Scrophularia ningpoensis* 属玄参属 科玄参科

形态特征：高大草本。支根纺锤形或胡萝卜状膨大。茎四棱形，有浅槽。叶在茎下部多对生而具柄，叶片多变化，常为卵形，边缘具细锯齿。大圆锥花序疏散；花褐紫色，花丝肥厚，退化雄蕊大而近于圆形。蒴果卵圆形，具短喙。根药用。

花果期：花期6~10月，果期9~11月。

分布：华东、华南、西南、华北、西北、华中部分地区。

醉鱼草 *Buddleja lindleyana* 属 醉鱼草属 科 玄参科

形态特征：灌木。小枝四棱有窄翅；幼枝、叶背、叶柄、花序、苞片及小苞片均密被星状短绒毛和腺毛。叶常对生，膜质，卵形至长圆状披针形，全缘或具波状齿。穗状聚伞花序顶生；花紫色，芳香；花萼钟状。蒴果有鳞片，花萼宿存。全株有小毒，能使活鱼麻醉，故得名。

花果期：花期4~10月，果期8月至翌年4月。

分布：南方大部分地区。

白接骨 *Asystasia neesiana* 属 十万错属 科 爵床科

形态特征：草本。具白色、富粘液的根状茎。叶卵形至椭圆状矩圆形，边缘微波状至具浅齿。花序穗状或基部有分枝，顶生；花单生或双生；苞片微小；花萼裂片5，有腺毛；花冠淡紫红色，漏斗状，外疏生腺毛，花冠筒细长；2强雄蕊。蒴果下部实心细长似柄。叶和根状茎入药，止血。

花果期：花期6~9月，果期10月至翌年1月。

分布：南方大部分地区。

球花马蓝 *Strobilanthes dimorphotricha* 属马蓝属 科爵床科

形态特征：草本。茎高达1m多，近梢部多作“之”字形曲折。叶不等大，椭圆形或椭圆状披针形，边缘有锯齿，上部各对一大一小，两面有不明显的钟乳体。花序头状，近球形，为苞片所包覆，每头具2~3朵花；花冠紫红色，稍弯曲，冠檐裂片5。蒴果长圆状棒形，有腺毛。

花果期：花期8~10月，果期11月。

分布：长江以南各地区广布。

藿香 *Agastache rugosa* 属藿香属 科唇形科

形态特征：多年生草本。茎直立，四棱形。叶心状卵形至长圆状披针形，边缘具粗齿，纸质，被微柔毛及点状腺体。轮伞花序多花，组成顶生密集的圆筒形穗状花序；花冠淡紫蓝色，冠檐二唇形；雄蕊伸出花冠。成熟小坚果腹面具棱，先端具短硬毛，褐色。

花果期：花期6~9月，果期9~11月。

分布：遍布全国各地。

白棠子树 *Callicarpa dichotoma* 属 紫珠属 科 唇形科

形态特征：多分枝的小灌木，幼嫩部分有星状毛。叶倒卵形或披针形，边缘具粗锯齿，背面密生细小黄色腺点。聚伞花序细弱；花萼杯状，顶端有不明显的4齿或近截头状；花冠紫色；花丝长约为花冠的2倍。果实球形，紫色。全株药用。

花果期：花期5~6月，果期7~11月。

分布：华东、华中、华南、西南、华北部分地区。

老鸦糊 *Callicarpa giraldii* 属 紫珠属 科 唇形科

形态特征：灌木。小枝圆柱形，灰黄色，被星状毛。叶片纸质，宽椭圆形至披针状长圆形，边缘有锯齿，背面有星状毛和黄色腺点。聚伞花序4~5次分歧，被毛与小枝同；花冠紫色；花萼钟状，均具黄色腺点。果实球形，熟时无毛，紫色。全株入药。

花果期：花期5~6月，果期7~11月。

分布：秦岭以南地区广布，部分西北地区。

毛叶老鸦糊 *Callicarpa giraldii* var. *subcanescens* 属紫珠属 科唇形科

形态特征：灌木。小枝、叶背面及花的各部分均密被灰白色星状柔毛。叶片纸质，叶片宽卵形至椭圆形，边缘有锯齿。聚伞花序4~5次分歧；花冠紫色，花萼钟状，均具黄色腺点。果实球形略小，熟时无毛，紫色。

花果期：花期5~6月，果期7~10月。

分布：华东、华中、华南、西南部分地区。

红紫珠 *Callicarpa rubella* 属紫珠属 科唇形科

形态特征：灌木。小枝及花序被黄褐色星状毛并杂有腺毛。叶片倒卵形或倒卵状椭圆形，边缘具齿，叶背面被星状毛和腺毛，有黄色腺点；叶柄极短。聚伞花序；花冠紫红色、黄绿色或白色；雄蕊长为花冠的2倍。果实紫红色。

花果期：花期5~7月，果期7~11月。

分布：湖南、两广及华东、西南大部分地区。

毛药花 *Chelonopsis deflexa* 属铃子香属 科唇形科

形态特征：直立草本。茎四棱形，具深槽，密被倒向短硬毛。叶几无柄，长披针形，纸质，被毛，边缘具齿。聚伞花序，花冠淡紫红色，直伸，冠檐近二唇形，上唇短；雄蕊内藏，花丝扁平。成熟小坚果1枚，黑色，外果皮肉质而厚。

花果期：花期7~9月，果期9~11月。

分布：部分华东、华中、西南、华南地区。

香薷(rú) *Elsholtzia ciliata* 属香薷属 科唇形科

形态特征：直立草本。茎四棱形，具槽。叶卵形或椭圆状披针形，基部楔状下延成狭翅，边缘具锯齿，被小硬毛，散布松脂状腺点；叶柄具狭翅，疏被小硬毛。穗状花序偏向一侧；花萼钟形，疏被柔毛及腺点；花冠淡紫色，冠檐二唇形；花药紫黑色。小坚果棕黄色，光滑。全草入药。

花果期：花期7~10月，果期10月至翌年1月。

分布：遍布全国各地。

香茶菜 *Isodon amethystoides* 属 香茶菜属 科 唇形科

形态特征： 多年生直立草本，被柔毛。叶片卵形至披针形，密被腺点。聚伞花序多花，组成顶生、疏散的圆锥花序；花萼钟状，满布腺点，果萼增大呈宽钟状；花冠白色，上唇带紫蓝色，筒基部上面浅囊状，冠檐二唇形。小坚果黄栗色。全草为治毒蛇咬伤要药。

花果期： 花期6～10月，果期9～11月。

分布： 华中、西南、华南及华东部分地区。

石香薷 *Mosla chinensis* 属 石荠苎属 科 唇形科

形态特征： 直立草本。茎纤细，被毛。叶线状长圆形至线状披针形，边缘具浅锯齿，两面均被疏短柔毛及棕色凹陷腺点。总状花序头状；苞片覆瓦状排列；花萼钟形，外被绒毛及腺体；花冠紫红、淡红至白色，雄蕊及雌蕊内藏。小坚果球形，具深雕纹。全草入药。

花果期： 花期6～9月，果期7～11月。

分布： 华东、华南、华中、西南大部分地区。

石荠苎 *Mosla scabra* 属 石荠苎属 科 唇形科

形态特征：一年生草本。茎、枝均四棱形，具细条纹，密被短柔毛。叶卵形或卵状披针形，边缘锯齿状，纸质，具微柔毛和凹陷腺点。总状花序生于主茎及侧枝上；花萼钟形，二唇形，脉纹显著。花冠粉红色，冠檐二唇形，边缘具齿。小坚果黄褐色，球形，具深雕纹。

花果期：花期5~11月，果期9~11月。

分布：华中、华东、西南、东北及西北部分地区。

紫苏 *Perilla frutescens* 属 紫苏属 科 唇形科

形态特征：一年生草本。茎被长柔毛。叶片宽卵形或圆卵形，被毛；叶柄被毛。轮伞花序2花，组成偏向一侧、密被长柔毛的假总状花序，每花有1苞片；花萼钟状，被毛，有黄色腺点，果时增大；花冠紫红色或粉红色至白色，上唇微缺，下唇3裂。小坚果近球形具网纹。为药用和香料植物。

花果期：花期8~11月，果期8~12月。

分布：华东、华中、华南、华北、西南部分地区。

山菠菜 *Prunella asiatica* 属 夏枯草属 科 唇形科

形态特征：多年生草本。茎四棱形，具疏柔毛，紫红色。茎叶卵圆形或卵圆状长圆形，边缘有锯齿；叶柄显著，具狭翅，被疏毛。轮伞花序组成穗状花序，每一轮伞花序下方均承以苞片；花萼先端红色或紫色，陀螺状；花冠淡紫或深紫色，冠檐二唇形。小坚果卵珠状。全草入药。

花果期：花期5~7月，果期8~9月。

分布：东北及华东大部分地区，部分华北地区。

鼠尾草 *Salvia japonica* 属 鼠尾草属 科 唇形科

形态特征：一年生草本。茎下部叶为二回羽状复叶，茎上部叶为一回羽状复叶；顶生小叶披针形或菱形，侧生小叶卵状披针形，基部偏斜。轮伞花序2~6花，组成顶生的假总状或圆锥花序；花萼筒状，有毛；花冠淡红色、淡紫色、淡蓝色至白色，被毛，筒内有毛环。小坚果褐色，光滑。

花果期：花期6~9月。

分布：华中及华东大部分地区，部分西南、华南地区。

◈ 舌瓣鼠尾草 *Salvia liguliloba* 属鼠尾草属 科唇形科

形态特征：一年生直立草本。茎四棱形，具槽及条纹，紫绿色。叶有基出叶及茎生叶，基出叶具长柄，腹凹背凸；叶片长圆形，边缘具齿，草质，带紫色。轮伞花序疏离，在茎顶组成偏向一侧的总状圆锥花序；花冠淡红色，冠檐二唇形。小坚果椭圆形，褐色。

花果期：花期6月。

分布：浙江、安徽。

◈ 韩信草 *Scutellaria indica* 属黄芩属 科唇形科

形态特征：多年生直立草本。茎常带暗紫色，被微柔毛。叶具柄，心状卵形或卵状椭圆形，两面被毛。花对生，在茎或分枝顶上排列成总状花序；花萼果时十分增大；花冠蓝紫色，冠筒前方基部膝曲；雄蕊4，二强。成熟小坚果具瘤，腹面具一果脐。全草入药。

花果期：2~6月。

分布：秦岭以南大部分地区。

庐山香科科 *Teucrium pernyi* 属 香科科属 科 唇形科

形态特征：多年生草本。具匍匐茎，基部具早年残存的茎基，茎、叶柄密被白色向下弯曲的短柔毛。叶片卵圆状披针形，边缘具粗锯齿，两面被微柔毛。轮伞花序松散，组成穗状花序；花冠白色，有时稍带红晕；雄蕊超过花冠筒一倍以上。小坚果棕黑色，具明显网纹。

花果期：花期8~10月，果期10~11月。

分布：华南、华中地区及华东大部分地区。

匍茎通泉草 *Mazus miquelii* 属 通泉草属 科 通泉草科

形态特征：多年生草本，常无毛。有直立茎和匍匐茎，匍匐茎花期发出，长可达20cm。基生叶匙形，有长柄，具粗齿或浅羽裂；茎生叶具短柄，卵形或近圆形，具粗齿。总状花序顶生；花萼钟状漏斗形，花冠紫色或白色而有紫斑。蒴果球形，稍伸出萼筒。

花果期：2~8月。

分布：华中及华东大部分地区，部分华南地区。

卵叶山罗花 *Melampyrum roseum* var. *ovalifolium* 属山罗花属 科列当科

形态特征：直立草本，植株全体疏被鳞片状短毛。茎常多分枝，近四棱形。叶片长卵形；苞叶顶端渐尖至长渐尖，两边具多条刺毛状长齿。花密集，紫色、紫红色或红色，筒部长为檐部长的2倍左右，上唇内面密被须毛。蒴果卵状渐尖，被鳞片状毛。种子黑色。

花果期：花期夏秋。

分布：浙江。

青荚叶 *Helwingia japonica* 属青荚叶属 科青荚叶科

形态特征：落叶灌木。幼枝绿色，无毛，叶痕显著。叶纸质，卵圆形，边缘为细锯齿，有刺状齿；托叶线状分裂。花雌雄异株，淡绿色，花瓣镊合状排列；雄花多数呈伞形或密伞花序，雌花1~3枚，常着生于叶面的中脉上。浆果成熟后黑色，具棱。全株药用。

花果期：花期4~5月，果期7~9月。

分布：华中、华东、华南及西北、西南部分地区。

冬青 *Ilex chinensis* 属冬青属 科冬青科

形态特征：常绿乔木。树皮灰黑色，当年生小枝具细棱。叶片革质，椭圆形或披针形，边缘具圆齿。雄花花序具三至四回分枝，雌花花序具一至二回分枝；花淡紫色或紫红色；花萼浅杯状，具缘毛；花冠辐状，开放时反折，基部稍合生。果长球形，成熟时红色。

花果期：花期4～6月，果期7～12月。

分布：华南、华中、华东地区，部分西南地区。

厚叶冬青 *Ilex elmerrilliana* 属冬青属 科冬青科

形态特征：常绿灌木或小乔木。当年生枝红褐色，具纵棱脊。叶片厚革质，椭圆形或长圆状椭圆形，全缘。雄花序单个分枝具1～3花，白色，花冠辐状，基部合生；雌花序由具单花的分枝簇生，花冠直立，基部分离。果球形，成熟后红色，花柱及花萼宿存。

花果期：花期4～5月，果期7～11月。

分布：华南、华中、华东及西南的部分地区。

毛冬青 *Ilex pubescens* 属冬青属 科冬青科

形态特征：常绿灌木。小枝纤细，近四棱形，密被长硬毛，具纵棱脊，稍“之”字形曲折。叶膜质或纸质，长卵形、卵形或椭圆形，全缘或有芒齿；叶柄密生短毛。雌雄异株，花序簇生或雌花序为假圆锥花序状；雄花4~5数，粉红色；雌花6~8数，较雄花稍大。果球形，熟时红色。根叶药用。

花果期：花期4~5月，果期8~11月。

分布：我国南部。

铁冬青 *Ilex rotunda* 属冬青属 科冬青科

形态特征：常绿灌木或乔木，高可达20m。较老枝具纵裂缝，幼枝具纵棱。叶片薄革质或纸质，卵形、倒卵形或椭圆形，全缘，稍反卷；叶柄顶端具狭翅。聚伞花序或伞形状花序；花白色，花瓣开放时反折，雄蕊长于花瓣。果近球形，成熟时红色，宿存花萼平展，宿存柱头厚盘状。叶和树皮入药。

花果期：花期4月，果期8~12月。

分布：南方大部分地区广布。

三花冬青 *Ilex triflora* 属冬青属 科冬青科

形态特征：常绿灌木或小乔木。小枝有短柔毛。叶片近革质，常矩圆状椭圆形，边缘细锯齿，下面具腺点，被毛；叶柄密被短柔毛，具狭翅。雌雄异株，雌花簇生，雄花成聚伞花序，白色或淡红色，雄蕊短于花瓣。果球形，成熟后黑色，花萼、柱头宿存。果实常簇生于二年生枝的叶腋处。

花果期：花期5~7月，果期8~11月。

分布：南方大部分地区。

尾叶冬青 *Ilex wilsonii* 属冬青属 科冬青科

形态特征：常绿乔木。小枝灰褐色，当年枝有棱角，近于无毛。叶革质或厚革质，倒卵形或矩圆形，全缘；叶柄具纵槽。雌雄异株，雄花序簇生；花4基数，白色，花冠辐状，基部稍合生；花萼盘状。果小，球形，成熟后红色，花萼、柱头宿存。

花果期：花期5~6月，果期8~10月。

分布：我国南部。

羊乳 *Codonopsis lanceolata* 属党参属 科桔梗科

形态特征：多年生草本。根常肥大呈纺锤状。茎缠绕，长约1m。叶在主茎上的互生，披针形或菱状狭卵形，细小；在小枝顶端常2～4叶簇生。花单生或对生于小枝顶端；花冠阔钟状，反卷，黄绿色或乳白色内有紫色斑；花盘肉质，深绿色。蒴果下部半球状，上部有喙。

花果期：7～8月。

分布：华东、华北部分地区及华中地区。

杏香兔儿风 *Ainsliaea fragrans* 属兔儿风属 科菊科

形态特征：多年生草本。茎直立，花葶状，被褐色长柔毛。叶聚生于茎基部，叶片厚纸质，卵形、狭卵形或卵状长圆形，被毛；基出脉5条。花两性，白色，开放时具杏仁香气，花冠管纤细。瘦果棒状圆柱形或近纺锤形。全草药用。有闭花受精现象。

花果期：11～12月。

分布：南方大部分地区。

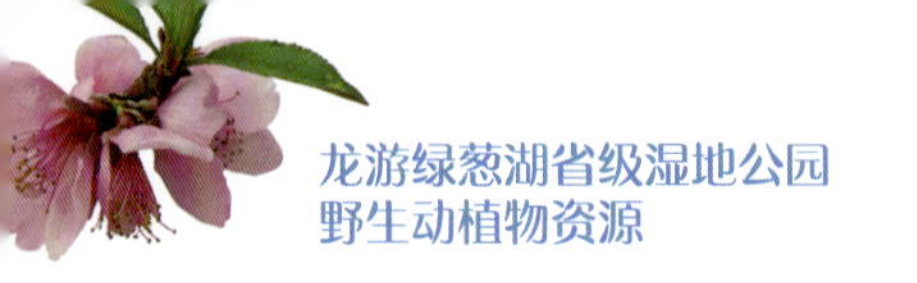

阿里山兔儿风 *Ainsliaea macroclinidioides* 属兔儿风属 科菊科

形态特征：多年生草本。茎单一，不分枝。叶聚生于茎上部呈莲座状，叶片纸质，阔卵形至卵状披针形，边缘具芒状疏齿；基出脉3条；叶柄被长柔毛。头状花序具花3朵，于茎上部作总状花序式排列；花两性；花冠管状，花药伸出于冠管之外。瘦果近圆柱形，有纵棱。

花果期：花期8~11月。

分布：华南、华中及华东部分地区。

奇蒿 *Artemisia anomala* 属蒿属 科菊科

形态特征：多年生草本。茎直立，上部有花序枝，被微柔毛。下部叶在花期枯落，中部叶矩圆状或卵状披针形，边缘有密锯齿，近革质。头状花序密穗状，组成圆锥花序；花筒状，外层雌性，内层两性。瘦果微小，矩圆形。全草入药。

花果期：6~11月。

分布：部分华南、西南、华中及华东地区。

蓟 *Cirsium japonicum* 属蓟属 科菊科

形态特征：多年生草本。块根纺锤状或萝卜状。茎枝有条棱，头状花序下部灰白色，被节毛。基生叶较大，茎生叶向上渐小，卵形至长椭圆形，羽状深裂或几全裂，裂片形态变化大。头状花序直立，不呈明显的花序式排列，小花红色或紫色。瘦果压扁，有冠毛。

花果期：4~11月。

分布：东南沿海及华北、华中、西北、西南部分地区。

黄瓜假还阳参 *Crepidiastrum denticulatum* 属假还阳参属 科菊科

形态特征：一年生草本。茎单生，直立，全部或下部常紫红色，无毛。基生叶花期枯萎脱落；中下部茎叶全形椭圆形、长椭圆形或披针形，羽状浅裂、半裂或深裂，有宽翼柄，柄基扩大圆耳状抱茎。头状花序多数，在茎枝顶端成伞房花序状，约含12枚舌状小花。瘦果褐色或黑色，具纵肋，冠毛白色。

花果期：6~11月。

分布：东北、华东、华中及华北、华南、西南部分地区。

多须公 *Eupatorium chinense* 属泽兰属 科菊科

形态特征：多年生草本或半灌木，全株多分枝，被短柔毛。叶对生，中部茎叶卵形、宽卵形，两面粗涩，被柔毛及腺点，有齿；自中部向两端的茎叶渐小，基部叶花期枯萎。头状花序多排成大型疏散的复伞房花序，花白色、粉色或红色，疏被黄色腺点。瘦果椭圆状，5棱。全草药用。

花果期：6~11月。

分布：华南、华中、华东及西南、西北部分地区。

白头婆 *Eupatorium japonicum* 属泽兰属 科菊科

形态特征：多年生草本。茎枝被白色短柔毛。叶对生，质地稍厚；椭圆形至披针形，两面粗涩，被毛及腺点，边缘有粗锯齿；自中部向两端叶渐小，基部茎叶花期枯萎。头状花序排成紧密的伞房花序；花白色或带红紫色或粉红色，有黄色腺点。瘦果椭圆状，有白色冠毛。全草药用。

花果期：6~11月。

分布：东北、东南沿海及华中、西南、西北、华北部分地区。

泥胡菜 *Hemisteptia lyrata* 属泥胡菜属 科菊科

形态特征：一年生草本。茎单生，被稀疏蛛丝毛。基生叶花期常枯萎；叶长椭圆形或倒披针形，大头羽状深裂或几全裂，叶质地薄，下面灰白色，基生叶及下部茎叶有长叶柄，向上叶柄渐短。头状花序排成疏松伞房花序，总苞宽钟状或半球形；小花紫色或红色。瘦果小，冠毛异型，白色。

花果期：5~8月。

分布：遍布全国。

窄头橐(tuó)吾 *Ligularia stenocephala* 属橐吾属 科菊科

形态特征：多年生草本。根肉质，茎直立，光滑，被枯叶柄纤维包围。基生叶有长柄，基部稍抱茎，叶片心状或肾状戟形，边缘有细齿，无毛，叶脉掌状。总状花序长达90cm；头状花序多数，辐射状；舌状花黄色。瘦果倒披针形，光滑。

花果期：7~12月。

分布：部分华北、华东、华中、西南、华南地区。

假福王草 *Paraprenanthes sororia* 属假福王草属 科菊科

形态特征：一年生草本。茎直立，单生，茎枝光滑无毛。基生叶花期枯萎；下部及中部茎叶大头羽状开裂，边缘有锯齿，羽轴有翼；上部茎叶小，不裂；全部叶无毛。头状花序多数，沿茎枝顶端排成圆锥状花序；舌状小花粉红色。瘦果黑色，纺锤状，有白色冠毛。

花果期：5~8月。

分布：南方大部分地区。

鼠曲草 *Pseudognaphalium affine* 属鼠曲草属 科菊科

形态特征：一年生草本。茎有沟纹，被白色厚棉毛。叶匙状倒披针形或倒卵状匙形，具刺尖头，两面被白色棉毛。头状花序在枝顶密集成伞房花序，花黄色至淡黄色；总苞钟形，金黄色或柠檬黄色。瘦果具乳头状突起，有冠毛。茎叶入药。

花果期：花期1~4月，果期8~11月。

分布：华东、华南、华中、华北、西北及西南各地区。

庐山风毛菊 *Saussurea bullockii* 属 风毛菊属 科 菊科

形态特征：多年生草本。茎直立，被毛。下部茎叶有长柄，柄基扩大半抱茎，叶片三角状心形，边缘有锯齿；上部叶渐小，卵形或卵状三角形，有短柄。头状花序多数，排成伞房圆锥花序。总苞倒圆锥状，苞片顶端有芒刺尖；小花紫色。瘦果圆柱状，顶端有小冠，冠毛2层。

花果期：7~10月。

分布：华南、华中及华东部分地区，部分西北地区。

蒲儿根 *Sinosenecio oldhamianus* 属 蒲儿根属 科 菊科

形态特征：多年生或二年生茎叶草本。基部叶花期凋落，具长柄；下部叶卵状圆形或近圆形，边缘具齿，齿端具小尖，膜质，掌状5脉；上部叶渐小，卵形或卵状三角形。头状花序多数排列成顶生复伞房状花序；总苞宽钟状，苞片紫色；舌状花黄色，管状花多数。舌状花瘦果无毛，管状花瘦果被短柔毛。

花果期：花期1~12月，果期3~12月。

分布：华东、华南、华中、西南、西北大部分地区，部分华北地区。

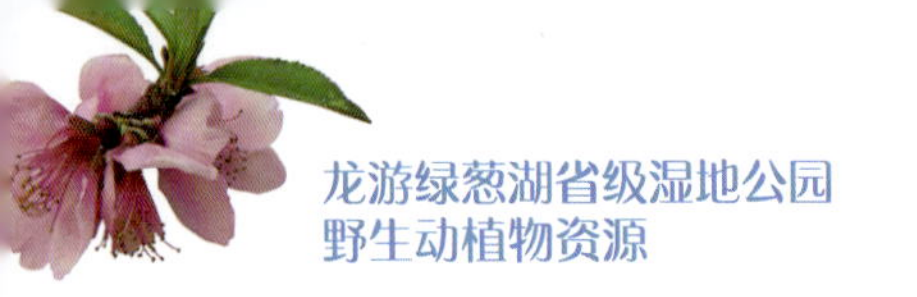

黄鹌菜 *Youngia japonica* 属 黄鹌菜属 科 菊科

形态特征： 一年生草本。基生叶全形倒披针形至宽线形，大头羽状深裂或全裂；叶柄长，与叶同被柔毛。头花序在茎枝顶端排成伞房花序；总苞圆柱状，边缘白色宽膜质，外侧无毛。舌状小花黄色，花冠管外有短柔毛。瘦果纺锤形，冠毛糙毛状。

花果期： 4~10月。

分布： 华中、华南、西南、华东及部分西北、华北地区。

接骨草 *Sambucus javanica* 属 接骨木属 科 五福花科

形态特征： 高大草本或半灌木。茎有棱条，髓部白色。羽状复叶的托叶叶状或有时退化成蓝色腺体；小叶2~3对，狭卵形，边缘具细锯齿。复伞形花序顶生，大而疏散；杯形不孕性花不脱落，可孕性花小；花冠白色，基部联合；花药黄色或紫色。果实红色，表面有小疣突。药用植物。

花果期： 花期4~5月，果熟期8~9月。

分布： 华中、华南、西南及华东大部分地区，部分西北地区。

荚蒾 *Viburnum dilatatum* 属 荚蒾属 科 五福花科

形态特征：落叶灌木，高达3m。当年小枝、芽、叶片、叶柄、花序、花萼、花冠均被毛。叶纸质，宽倒卵形至椭圆形，边有牙齿，具腺体和小腺点。复伞式聚伞花序稠密；花冠白色，辐状，雄蕊明显高出花冠。果实红色，核有腹沟3、背沟2。

花果期：花期5～6月，果熟期9～11月。

分布：华中、华东地区及西南、西北、华北、华南部分地区。

宜昌荚蒾 *Viburnum erosum* 属 荚蒾属 科 五福花科

形态特征：落叶灌木，高达3m。幼枝、芽、叶柄和花序均密被簇状短毛和柔毛。叶纸质，形状变化很大，卵状披针形至倒卵形，边缘有波状小尖齿，被毛；托叶宿存。复伞形聚伞花序；萼筒筒状，被簇状短毛；花冠白色，辐状。果实红色，核有腹沟3、背沟2。

花果期：花期4～5月，果期8～10月。

分布：华中、华东地区及华南、西南、西北部分地区。

蝴蝶荚蒾 *Viburnum thunbergianum* 属 荚蒾属 科 五福花科

形态特征：落叶灌木，高达3m。当年小枝浅黄褐色，四角状，被绒毛。叶纸质，宽卵形或矩圆状卵形，被毛。花序外围有4~6朵白色、大型的不孕花，具长花梗；中央可孕花黄白色，花冠辐状，雄蕊高出花冠。果实先红色后变黑色，核有腹沟1、脊1。

花果期：花期4~5月，果熟期8~9月。

分布：秦岭以南大部分地区，及陕西、安徽等地区。

合轴荚蒾 *Viburnum sympodiale* 属 荚蒾属 科 五福花科

形态特征：落叶灌木或小乔木，高可达10m。幼枝、叶背、叶柄、花序及萼齿均被毛；二年生小枝平滑合轴生长，冬芽无鳞片。叶纸质，近卵形，边缘有尖锯齿。聚伞花序，周围有大型、白色的不孕花，芳香；花冠白色或带微红，辐状。果实红色，后变紫黑色，核有背沟1、深腹沟1。

花果期：花期4~5月，果期8~9月。

分布：华中地区及部分华东、西南、西北、华南地区。

菰腺忍冬 *Lonicera hypoglauca* 属忍冬属 科忍冬科

形态特征：攀援灌木。幼枝、叶柄、叶片及总花梗均密被黄褐色短柔毛。叶纸质，卵形至卵状矩圆形，有黄色至桔红色蘑菇形腺。双花生于短枝或于小枝顶集合成总状；花冠白色，有时有淡红晕，后变黄色，唇形，疏生倒微伏毛。浆果熟时黑色。

花果期：花期4~5月，果熟期10~11月。

分布：南方大部分地区。

下江忍冬 *Lonicera modesta* 属忍冬属 科忍冬科

形态特征：落叶灌木。幼枝、叶柄和总花梗密被短柔毛；冬芽被鳞片，顶尖。叶厚纸质，菱状椭圆形至宽卵形，被短柔毛。总花梗短，有缘毛及疏腺；相邻两萼筒合生；花冠白色，基部微红，后变黄色，唇形。相邻两果实几全部合生，由桔红色转为红色。

花果期：花期5月，果熟期9~10月。

分布：华中地区以及华东、西北部分地区。

墓头回 *Patrinia heterophylla* 属 败酱属 科 忍冬科

形态特征：多年生草本。根状茎较长，横走；茎直立，被倒生微糙伏毛。基生叶丛生，具长柄，边缘圆齿状或具糙齿状缺刻；茎下部叶互生，常2~3对羽状全裂。花黄色，成顶生伞房状聚伞花序，被糙毛。瘦果，翅状果苞干膜质。根茎和根药用，药名“墓头回”。

花果期：花期7~9月，果期8~10月。

分布：西北、西南地区东部，华中地区及华东、华北、东北部分地区。

半边月 *Weigela japonica* var. *sinica* 属 锦带花属 科 忍冬科

形态特征：落叶灌木，高达6m。叶长卵形至卵状椭圆形，边缘具锯齿，被短柔毛；叶柄有柔毛。单花或具3朵花的聚伞花序；花冠白色或淡红色，花开后逐渐变红色，漏斗状钟形。果实顶端有短柄状喙，疏生柔毛。种子具狭翅。

花果期：花期4~5月。

分布：华东、华中、华南大部分地区，部分西南地区。

海金子 *Pittosporum illicioides* 属 海桐属 科 海桐科

形态特征：常绿灌木，高达5m。嫩枝无毛，老枝有皮孔。叶生于枝顶，3~8片簇生呈假轮生状，薄革质，倒卵状披针形或倒披针形，边缘平展。伞形花序顶生，有花2~10朵，常向下弯。蒴果近圆形，果片薄木质。

花果期：花期4~5月，果期6~10月。

分布：华东地区，部分西南、华南、华中地区。

头序楤(sǒng)木 *Aralia dasyphylla* 属 楤木属 科 五加科

形态特征：灌木或小乔木。小枝有刺，新枝密生绒毛。二回羽状复叶；叶柄长达30cm；小叶片薄革质，卵形至长圆状卵形，下面密生棕色绒毛，边缘有细锯齿。圆锥花序大，小花聚生为头状花序；花瓣5，开时反曲。果实球形，紫黑色，有5棱。

花果期：花期8~10月，果期10~12月。

分布：华东、华中、华南和西南大部分地区。

棘茎楤木 *Aralia echinocaulis* 属 楤木属 科 五加科

形态特征：小乔木。小枝密生细长直刺。二回羽状复叶；叶柄长25～40cm，疏生短刺；托叶和叶柄基部合生；小叶片膜质至薄纸质，长圆状卵形至披针形，边缘疏生细锯齿。圆锥花序大，顶生；花多数，白色。果实球形，有5棱；花柱宿存，基部合生。

花果期：花期6～8月，果期9～11月。

分布：华东、华中、华南和西南大部分地区。

常春藤 *Hedera nepalensis* var. *sinensis* 属 常春藤属 科 五加科

形态特征：常绿攀援灌木。茎长3～20m；茎上有气生根；嫩枝、叶柄有锈色鳞片。叶二型，不育枝上的叶为三角状卵形或戟形，全缘或三裂；花枝上的叶长卵形或披针形，全缘或1～3浅裂。伞形花序单生或2～7顶生；花淡黄白色或淡绿白色，芳香。果球形，熟时红色或黄色。全株药用。

花果期：花期9～11月，果期翌年3～5月。

分布：华中地区及华东、华南、西南、西北大部分地区。

紫花前胡 *Angelica decursiva* 属当归属 科伞形科

形态特征：多年生草本。根圆锥状，有强烈气味。茎单一，中空，光滑，常为紫色。叶有长柄，基部膨大抱茎；三角形至卵圆形，坚纸质，一回三全裂或一至二回羽状分裂；茎上部叶简化成紫色叶鞘。复伞形花序有柔毛，花深紫色。果实背棱隆起，侧棱有狭翅。根称“前胡”，入药。

花果期：花期8~9月，果期9~11月。

分布：部分东北、华北、华南、西南、华中、华东地区。

直刺变豆菜 *Sanicula orthacantha* 属变豆菜属 科伞形科

形态特征：多年生草本。基生叶圆心形或心状五角形，掌状3全裂，边缘有齿；叶柄长，基部有膜质鞘；茎生叶略小。伞形花序；小花白色、淡蓝色或紫红色，花瓣顶端内凹的舌片呈三角状；花丝略长。果实卵形，外面有直而短的皮刺。全草药用，清热解毒。

花果期：4~9月。

分布：华南、华东、西南大部分地区，部分华中、西南地区。

兽类篇

猕猴 *Macaca mulatta* 科 猴科 目 灵长目

形态描述：体长45~51cm，尾长约为体长(头躯长)之半。臀胝明显，多为红色，雌体更红。两颊有颊囊。手足均具五趾，趾端有扁平的趾甲。毛色一般为深棕色。背面上半部灰棕，至臀部逐渐变为深棕色。肩及前肢略灰。胸腹部淡灰色。颜面及两耳呈肉色。

分布：西南、华南、长江流域及河南、山西、河北（北部）、陕西和青海（南部）等。

华南兔 *Lepus sinensis* 科 兔科 目 兔形目

形态描述：体长35~40cm。耳短，无显明的黑尖。后足下方毛不长。尾短，不及后足长的一半。毛色较暗，背面一般为棕黑色，背中央毛较长，并且非常粗硬。颊部眼下方毛色较暗黑，颊的下部毛色较淡。耳尖及后缘毛较短、棕黄色。身体两侧黑色少，棕黄色。腹面近白色。

分布：华东、华南大部分地区及部分华中地区。

豪猪 *Hystrix hodgsoni* 科豪猪科 目啮齿目

形态描述：较大型的啮齿动物，体形粗壮，全身披棘刺。颈脊有鬣状长毛；尾短，隐于棘刺中，棘刺呈纺锤形，两端白色，中间为黑色；体腹面及四肢的刺短小而软。在全身硬刺中间，夹杂有疏稀的长白毛。

分布：广泛分布于长江流域以南各地区及部分西北地区。

珀氏长吻松鼠 *Dremomys pernyi* 科松鼠科 目啮齿目

形态描述：体呈橄榄绿色，有的也带褐色；尾基部下面呈锈红色，其余为灰浅黄色。耳无毛簇。颅骨吻部狭长。鼻骨长大于眶间宽。上门齿稍垂直。门齿孔甚为狭短，长约4mm缘。腭和齿虚位均较长。腭骨后缘中间有1突起。乳头3对。

分布：广泛分布于长江流域以南各地区及部分西北、华北地区。

隐纹花鼠 *Tamiops swinhoei* 科 松鼠科 目 啮齿目

形态描述：体长11～12cm，尾长几及身长，端毛较长。爪呈钩状。全身自额部起，向后至尾部呈灰褐色，并杂有黑毛。两颊有浅黄色条纹延至耳基部，背中央有明显黑色纵纹，两侧有褐黄色及浅黄色的纵纹相间排列。颈、腹部及四肢内侧为灰黄色。耳廓边缘为浅黄色，上有黑白色的短簇毛。眼周为浅黄色。雌兽有乳头三对。

分布：广泛分布于长江流域以南各地区及部分西北、华北地区。

野猪 *Sus scrofa* 科 猪科 目 偶蹄目

形态描述：外形与家猪相似，吻部十分突出。四肢较短。尾细。躯体被有硬的针毛。背上鬃毛发达，长约14cm。体重约150kg，最大的雄猪可达250kg以上。成体长约为1～2m。雄猪的犬齿发达，上下颌犬齿皆向上翘称獠牙，露出唇外。雌猪獠牙不发达。毛色一般为棕黑色，面颊和胸部杂有黑白色毛。幼猪躯体呈淡黄褐色，背部有六条淡黄色纵纹，俗称“花猪”。

分布：遍及全国。

黑麂 *muntiacus crinifrons* 科 鹿科 目 偶蹄目

形态描述：体型较大的麂属动物，两性大小相似，体长100cm左右，体重21～26kg。全身暗青灰色，毛尖棕色。额顶两角之间及其周围有特别长的棕黄色长毛。尾长约2cm，尾的背面黑色而尾腹面纯白色。

分布：浙江、安徽、江西、福建。

小麂 *muntiacus reevesi* 科 鹿科 目 偶蹄目

形态描述：体长70～80cm。脸部较短而宽。尾很长。雄兽具角，角叉短小。四肢细长，蹄狭尖。毛色通常为淡栗棕色，杂有灰黄色的斑点，颈背中央有一条黑纹。胸腹部、后肢内侧、臀部边缘及尾下面均为白色。夏毛较冬毛色稍浅，个体间毛色差异较大。

分布：长江流域及珠江流域各省。

豹猫 *Prionailurus bengalensis* 科猫科 目食肉目

形态描述：体形大小似家猫。体重2~3kg，体长54~65cm；尾长26~29cm，约为体长之半。体背、腹面、四肢具纵行斑点，腰及臀部斑点较小而多。背毛呈土黄色，腹毛较淡，近于污白色，具灰色毛基。眼外侧后下方有二条黑纹，之间夹有白色宽带。眼上下缘均具一明显白纹。额部四条黑纹。耳背中部均具一白色块斑。喉后部有3~4列棕黑色斑带。

分布：广泛分布于我国各地区。

花面狸 *Paguma larvata* 科灵猫科 目食肉目

形态描述：体形中等，如家猫大小。体重2~2.5kg，体长50~60cm，尾长44~54cm。四肢短，尾长，体毛浓密而柔软。头部、颈背黑色。眼后及眼下各具一小块白斑，自两耳基部至颈侧，也有一条白纹。下颏黑色。体背、体侧、四肢上部以及尾部的前方呈暗棕黄色。腹部毛色较淡，为灰白色，四足及尾末段呈黑色。

分布：陕西、河北、四川、贵州、云南及东南沿海各省。

◈ 猪獾 *Arctonyx collaris* 科鼬科 目食肉目

形态描述：体长65～70cm，尾长14～17cm，体重约10kg。全身黑棕色而杂以白色。背毛基部白色，中段黑棕色，毛尖复为白色。头部，自鼻尖到颈部有一白色纵纹，两颊从口角到头后各有一白色短纹。耳缘白色，喉、颈部白色或黄白色。四肢棕黑，尾白或黄白色。鼻垫与上唇间无毛。

分布：广泛分布于华南、西南、华东、华北以及陕西、甘肃等地。

◈ 黄腹鼬 *Mustela kathiah* 科鼬科 目食肉目

形态描述：尾长超过体长之半。身体被短毛，四肢掌面被毛较稀。背、腹毛的分界线明显。身体背面从吻端经眼下、耳下、颈背，到体背、体侧，尾及四肢外侧均呈棕褐色。腹面从喉、颈下、腹部以及四肢内侧沙黄色，四肢下部为浅褐色。嘴角、下属、下颏为淡黄色。

分布：湖北、四川、云南、广西，广东、福建等地。

鼬獾 *Melogale moschata* 科 鼬科 目 食肉目

形态描述：躯体较小，吻小。体重约1kg，体长34~38cm，尾长14~19cm。全身和四肢为栗灰色，有时毛尖呈白色。白头顶向后有一条白色纵纹，长短不定或断续不连，在两眼间有一白斑，颊部、颈侧和颈下为一黄白色区。耳廓浅黄色。腹面和四肢内侧乌白色，喉部略带黄色，腹部常染棕色。尾部和背部同色，但尖端为黄白色。

分布：广泛分布于长江流域以南各地区。

鸟类篇

白眉山鹧鸪 *Arborophila gingica* 科 雉科 目 鸡形目

鉴别特征：额白；头顶栗色；眉纹白色具黑斑；颏、上喉锈红色；下喉及胸具宽阔的黑、白、深栗色形成特别显著的“三色半月形项颈”。

分布：广西、江西、广东、浙江、福建。

灰胸竹鸡 *Bambusicola thoracicus* 科 雉科 目 鸡形目

鉴别特征：中国特产鸟。上体棕橄榄褐色，眉纹灰色，背杂以显著栗斑。下体前为栗棕色，后转棕黄色；胸具灰带，呈半环状；胁有黑褐色斑。竹鸡形比鹧鸪小，褐色，多斑赤文。

分布：终年留居在长江流域以南地区，北达陕西，西至四川，东及台湾。

黄腹角雉 *Tragopan caboti* 科雉科 目鸡形目

鉴别特征：体形比家鸡稍大。雄鸟羽冠前黑后红，上体大都栗红，而杂以皮黄色卵圆斑。下体几纯皮黄色。

分布：主要分布于浙江，在福建、广东、广西、江西、湖南亦有分布。我国特产。

勺鸡 *Pucrasia macrolopha* 科雉科 目鸡形目

鉴别特征：雄鸟头部呈金属暗绿色，并具棕褐色和黑色的长冠羽；颈部两侧各有一白色斑；体羽呈现灰色和黑色纵纹；下体中央至下腹深栗色。雌鸟体羽以棕褐色为著；头不呈暗绿色，下体也无栗色。

分布：西藏东南部，云南西部，往北直抵东北辽宁的极西南部，往东至浙江及福建和广东北部。

◈ 白鹇 *Lophura nycthemera* 科雉科 目鸡形目

✤ 鉴别特征：雄鸟上体白，而密布以黑纹；羽冠灰蓝黑色，下体同为灰蓝黑色；尾长，大都白色。雌鸟通体橄榄褐色，羽冠近黑色。

分布：广布于我国南部各省。

◈ 白颈长尾雉 *Syrmaticus ellioti* 科雉科 目鸡形目

✤ 鉴别特征：体形大小与雉鸡相似。雄鸟头暗，颈白；上背和胸均栗；两翅亦同，但具白斑；下背和腰黑而具白斑；腹白；尾灰而具宽阔栗斑。雌鸟体羽大都棕褐，上体满杂以黑色斑纹，背部具白色矢状斑；腹棕白；外侧尾羽大都栗色。

分布：安徽南部、浙江西部、福建西北部、江西东部、广东北部及湖南、贵州部分地区。

小䴙䴘 *Tachybaptus ruficollis* 科 䴙䴘科 目 䴙䴘目

鉴别特征：体小而矮扁。嘴尖如凿。趾有宽阔的蹼。繁殖羽喉前颈偏红，头顶及颈背深灰褐，上体褐色，下体偏灰，具明显黄色嘴斑。非繁殖羽上体灰褐，下体白。

分布：国内夏时几遍全国各地区。

山斑鸠 *Streptopelia orientalis* 科 鸠鸽科 目 鸽形目

鉴别特征：体形较一般斑鸠，全长达33cm。上体大都褐色；颈基两侧有杂以蓝灰色的黑块斑；肩羽具显著色红褐色羽缘；尾端灰白；下体主为葡萄酒的红褐色。

分布：几遍全国各地，北自黑龙江、新疆，南至西藏南部、海南等。

◈ 珠颈斑鸠 *Streptopelia chinensis* 科鸠鸽科 目鸽形目

✜ 鉴别特征：头为鸽灰色。上体大都褐色，而下体则为粉红色。后颈有宽阔的黑羽领圈，缀以黄色以至白色的珠状细斑。外侧尾羽黑褐，末端白色，在展尾时十分显著。

◉ 分布：遍布于我国中部和南部，西抵四川和云南等省的西部。

◈ 红翅凤头鹃 *Clamator coromandus* 科杜鹃科 目鹃形目

✜ 鉴别特征：头具长羽冠；上体黑色而有一白领环；翅栗色。长尾的体型以及羽色等很像褐翅鸦鹃，只体显得较小。

◉ 分布：东南沿海各省，自江苏徐州西至甘肃武山及四川、云南部分地区。

黑水鸡 *Gallinula chloropus* 科 秧鸡科 目 鹤形目

鉴别特征：中型涉禽。全体大致黑色。喙暗绿色，喙基红色而端黄色，上嘴基至额甲鲜红色，额甲端部圆形。尾下覆羽两侧白色，中间黑色，游泳时尾向上翘露出尾下两块白斑，十分明显。胫跗关节上方具红色环带。

分布：几乎遍布于全国各地区，通常认为长江流域及其以北为夏候鸟，长江流域以南直抵海南、台湾为留鸟。

丘鹬 *Scolopax rusticola* 科 鹬科 目 鸻形目

鉴别特征：翅大而钝。额灰褐色，头顶至枕后有3～4块暗色横斑，相间淡褐条纹。上体锈红色，杂有黑色、灰白色和灰黄色斑，斑驳色彩极便于伪装。下体灰白带棕，密布褐色横斑。尾羽黑色，端部银灰色。嘴长而直；两眼位于头的上方偏后；耳孔位于眼眶后缘下方。腿比较短小，胫部被羽毛。喜欢独居。

分布：见于各省。长江以南地区为冬候鸟。

池鹭 *Ardeola bacchus* 科 鹭科 目 鹈形目

鉴别特征：繁殖期头和颈暗栗色，背部石板黑色，胸部酱褐。

分布：夏季分布于长江以南，西至四川、西藏，少量分布北至内蒙古、吉林中部、辽宁；偶见于台湾。在南方为留鸟。

牛背鹭 *Bubulcus ibis* 科 鹭科 目 鹈形目

鉴别特征：体形较小。嘴厚，颈粗短，冬羽近全白，脚沾黄绿。繁殖期头、颈、背等变浅黄，嘴及脚沾红。

分布：云南、广东、海南、台湾等省为留鸟；长江以南，西至四川西昌，西藏南部，北至陕西南部、河南为夏候鸟；偶见于北京、吉林延边、辽宁大连及山东威海。

中白鹭 *Ardea intermedia* 科鹭科 目鹈形目

鉴别特征： 体较小白鹭为大，体羽白色，颈亦呈弯曲形，嘴、脚及趾均黑，繁殖期上胸及下背具蓑羽。

分布： 南部各地，西至陕西、甘肃、四川、云南、贵州，北至河南、山东为夏候鸟；广东、海南、台湾为冬候鸟；偶见于北京。

小白鹭 *Egretta garzetta* 科鹭科 目鹈形目

鉴别特征： 个体小，体羽白，繁殖期枕部具两根狭长的长矛状飘羽，背部蓑羽常长过尾；嘴黑，但至冬季下嘴变黄；脚黑，但趾呈绿黄色。

分布： 云南、贵州、广东、广西、台湾、海南为留鸟；甘肃南部、陕西南部、河南南部、四川及长江以南各地为夏候鸟；山东曲阜、威海及北京为偶见旅鸟。

林雕 *Ictinaetus malaiensis* 科 鹰科 目 鹰形目

鉴别特征：体大（70cm）的褐黑色雕。蜡膜及脚黄色。歇息时两翼长于尾。飞行时与其他深色雕的区别在尾长而宽，两翼长且由狭窄的基部逐渐变宽，具显著“手指”。初级飞羽基部具明显的浅色斑块，尾及尾上覆羽具浅灰色横纹。

分布：罕见留鸟见于台湾、福建及广东北部。偶见于云南西南部及西藏东南部。

黄嘴栗啄木鸟 *Blythipicus pyrrhotis* 科 啄木鸟科 目 啄木鸟目

鉴别特征：体较大。嘴黄色，嘴端呈截平状。体羽大都栗色，上下体均有横斑。

分布：我国南方的四川、云南、贵州、湖南、广东、广西、福建和海南等地。

松鸦 *Garrulus glandarius* 科 鸦科 目 雀形目

鉴别特征：体羽大都红棕色沾紫、棕灰色沾紫或淡褐棕微沾紫色；翅具黑、蓝、白相间的横斑；尾上覆羽纯白色，观察到它在林间飞行时首先会看到此白色横带。下体红棕色，颏、喉、肛周色浅淡。

分布：几遍全国。

红嘴蓝鹊 *Urocissa erythroryncha* 科 鸦科 目 雀形目

鉴别特征：体形中等大小。因红嘴、长尾、蓝羽以及鸣叫声的噪杂多变，飞翔时的飘逸滑翔而在野外易于识别。

分布：东北西南部，河北、山西、陕西、甘肃、河南、四川、云南、海南及长江下游诸省。

灰树鹊 *Dendrocitta formosae* 科 鸦科 目 雀形目

鉴别特征：具稍暗灰、褐色和黑色的羽衣及一长尾。与棕腹树鹊及黑额树鹊相比具较乌褐色的背及明显淡灰或淡白色的腰，黑翅上有一白色块斑。

分布：分布于长江流域及以南地区，包括海南和台湾。

喜鹊 *Pica pica* 科 鸦科 目 雀形目

鉴别特征：通体除两肩、初级飞羽内翈和腹部为白色外，概黑色；翅具金属蓝色和绿色光泽；尾羽长，具金属蓝色、紫色、铜绿色、紫红色光泽。飞行时翅上白斑极显露易于识别。

分布：东北、西北、华北、华中、华东、华南、西南等地区。

秃鼻乌鸦 *Corvus frugilegus* 科 鸦科 目 雀形目

鉴别特征：头、颈、上胸、上翕部具黑色柔软、紧密、丝光似的羽。眼先、头顶和颏部与体色一致，不闪淡蓝色光泽，体羽其余部分全黑。嘴角周围裸露，呈灰白色鳞片状皮肤。

分布：几遍全国。

远东山雀 *Parus minor* 科 山雀科 目 雀形目

鉴别特征：体型与麻雀相似。头黑色，两侧具大型白斑；上体蓝灰，背沾绿色；腹面白色，中央贯以显著的黑色纵纹。鸣声的基调似“吁伯、吁伯”或“吁黑、吁黑”，易与其他鸟类区别。

分布：遍及全国。

纯色山鹪莺 *Prinia inornata* 科 扇尾莺科 目 雀形目

鉴别特征：体型略大而尾长的偏棕色鹪莺。眉纹色浅，上体暗灰褐，下体淡皮黄色至偏红，背色较浅且较褐山鹪莺色单纯。

分布：广东、四川、安徽、浙江、海南、澳门、广西、江苏、山东、上海、福建、湖南、湖北、云南、江西、重庆、香港、贵州、台湾。

家燕 *Hirundo rustica* 科 燕科 目 雀形目

鉴别特征：上体呈金属蓝黑色；颏、喉及上胸栗色；腹部白、淡棕或淡赭鲑色，无斑。

分布：夏时分布几遍中国。

金腰燕 *Cecropis daurica* 科 燕科 目 雀形目

鉴别特征：体较家燕略大。上体蓝黑色，腰有显著的栗黄色横带，因而得名；下体棕白色，沿羽轴形成黑色纵纹。

分布：夏季或春秋迁徙季节遍布中国各地。

领雀嘴鹎 *Spizixos semitorques* 科 鹎科 目 雀形目

鉴别特征：与凤头鹦嘴鹎颇似，嘴短厚，上嘴下弯；上体暗橄榄绿，下体橄榄黄，尾羽与上体同色，尾端近黑，但颊与耳羽非灰，而为黑、白相杂，胸部具一半环状白领。

分布：甘肃东南部，四川，云南，陕西南部，东抵河南南部和长江以南的华南地区以及台湾（留鸟）。

白头鹎 *Pycnonotus sinensis* 科 鹎科 目 雀形目

鉴别特征：体形中等，与红耳鹎相仿；两眼上方至枕后白色，故有“白头鹎”之称。上体灰褐或暗石板灰色，具不明显的黄绿色纵纹；翅、尾均黑褐，羽缘绿黄；喉白；胸染灰褐；腹部白，缀以淡绿黄色纵纹。

分布：长江流域以南广大地区，西至四川、云南东北部，北达陕西南部及河南，东至沿海一带。偶见于河北、山东。

绿翅短脚鹎 *Ixos mcclellandii* 科 鹎科 目 雀形目

鉴别特征：头顶羽毛形尖，呈栗褐色，具有浅色轴纹；上体深灰褐；两翅表面和尾羽亮橄榄绿；颈侧染红棕；喉灰而具白色纵纹，羽端尖细；下体棕白，胸部浓暗；尾下覆羽呈浅黄色。

分布：西藏、四川、云南、贵州、广西、湖南、广东、福建（留鸟）。

栗背短脚鹎 *Hemixos castanonotus* 科 鹎科 目 雀形目

鉴别特征：体形与绿翅短脚鹎相仿，羽色有2个截然不同的色型，西部的种群上体暗灰色，东部种群上体栗色。共同的鉴别特征为头顶褐黑至黑色，尾暗褐色；翅表或为橄榄绿，或为灰色；下体白色至灰白色。

分布：云南西部至南部、贵州、广西、湖南、广东、福建（留鸟）。

黑短脚鹎 *Hypsipetes leucocephalus* 科 鹎科 目 雀形目

鉴别特征：头颈黑色或白色；其余体羽纯黑或黑灰；腹部有时灰白；嘴和脚均红。

分布：广布于长江以南各省。

黄眉柳莺 *Phylloscopus inornatus* 科 柳莺科 目 雀形目

鉴别特征：体纤小（体长100mm左右）。上体橄榄绿色；眉纹淡黄绿色；翅具二道浅黄绿色横斑；下体为沾绿黄的白色。

分布：新疆、内蒙古、黑龙江、吉林、甘肃、宁夏、青海、西藏、四川、云南，迁徙和越冬于北起陕西，南至福建、海南及台湾，西起西藏，东至山东的我国广大地区。

黄腰柳莺 *Phylloscopus proregulus* 科 柳莺科 目 雀形目

鉴别特征：体形似黄眉柳莺，但更小些。上体橄榄绿色；腰部有明显的黄带；翅上二条深黄色横斑明显；腹面近白色。

分布：遍布全国。

棕脸鹟莺 *Abroscopus albogularis* 科 树莺科 目 雀形目

鉴别特征：体长92～96mm。脸部至颈侧棕红色，侧冠纹黑色，头顶黄绿色；背羽橄榄绿，腰羽淡黄白色。颏、喉和胸腹部白色，喉部具黑色纵纹；胸部多少渲染淡黄色。两性相似。

分布：甘肃东南部、陕西南部、长江流域及其以南各地区。

红头长尾山雀 *Aegithalos concinnus* 科 长尾山雀科 目 雀形目

鉴别特征：体形小。头顶栗红；背蓝灰色；喉部中央具黑色块斑；胸带和两胁栗红色；翅和尾黑褐色。

分布：终年留居我国南部诸地区。自西藏南部、长江流域从四川东抵江苏沿海地带，北至甘肃、陕西和河南等省南部，南抵云南、贵州、广西、广东、福建和台湾（留鸟）。

◈ 淡眉雀鹛 *Alcippe hueti* 科 雀鹛科 目 雀形目

✤ 鉴别特征：体型略大（14cm），上体褐色，头灰，下体灰皮黄色。具明显的白色眼圈。深色测冠纹从显著至几乎缺乏。

分布：中国东南部，海南。

◈ 棕头鸦雀 *Sinosuthora webbiana* 科 莺鹛科 目 雀形目

✤ 鉴别特征：体形较麻雀稍小。嘴粗而短。通体前棕后褐；两翅表面红棕；尾暗褐色。

分布：遍布我国东部（留鸟），北抵东北哈尔滨，西至甘肃南部、四川、云南，南达广东、福建、台湾等。

栗颈凤鹛 *Staphida torqueola* 科 绣眼鸟科 目 雀形目

鉴别特征： 中等体型（13cm）的凤鹛。上体偏灰，下体近白，特征为栗色的脸颊延伸成后颈圈。具短羽冠，上体白色羽轴形成细小纵纹。尾深褐灰，羽缘白色。

分布： 中国南部。

暗绿绣眼鸟 *Zosterops japonicus* 科 绣眼鸟科 目 雀形目

鉴别特征： 上体全为绿色，腹面白色。眼周具极明显的白圈，与其它鸟类很容易区别。

分布： 河北、山东、山西、河南、陕西以南，四川、云南以东的大陆广大地区，以及台湾和海南（夏候鸟、留鸟，部分旅鸟）。

华南斑胸钩嘴鹛 *Erythrogenys gravivox* 科林鹛科 目雀形目

鉴别特征：中国特有种，体型略大（24cm）的钩嘴鹛。似斑胸钩嘴鹛，但下体为灰色，两胁少紫棕色。虹膜淡黄色，喙粉褐色，脚角质褐色。

分布：安徽、湖南、江西、浙江、福建以及广东、广西。

棕颈钩嘴鹛 *Pomatorhinus ruficollis* 科林鹛科 目雀形目

鉴别特征：体形为我国钩嘴鹛类中的最小者。嘴长在25mm以下；有一白色眉纹；喉亦白；胸具橄榄褐色纵纹。

分布：西自西藏南部，北抵秦岭，东达福建、台湾，南至海南。

红头穗鹛 *Cyanoderma ruficeps* 科 林鹛科 目 雀形目

鉴别特征：体形小；冠部棕红；上体淡橄榄褐；翅和尾暗褐色；脸淡茶黄或有褐色渲染；下体浅灰黄色；体侧淡橄榄褐；喉具黑色细形短干纹。

分布：西藏、陕西南部、长江流域及以南广大地区、台湾、海南（留鸟）。

画眉 *Garrulax canorus* 科 噪鹛科 目 雀形目

鉴别特征：上体概呈橄榄褐色，头顶至上背具有黑褐色纵纹；眼圈白；眼的上方有清晰的白色眉纹；下体棕黄，腹部中央灰色。

分布：甘肃、陕西及河南等省的南部以南及四川雅安和云南西部以东的华南一带，包括台湾和海南。

灰翅噪鹛 *Garrulax cineraceus* 科 噪鹛科 目 雀形目

鉴别特征：体形大小与画眉相似。头顶灰或黑；上体橄榄褐以至棕褐；内侧飞羽及尾羽均具白色狭端和宽阔的黑色次端斑，黑白相衬，十分明显；下体大都浅棕色。

分布：我国自甘肃西南部、陕西南部、山西文水以南及西藏昌都地区东南部及云南西部以东的南部一带。

小黑领噪鹛 *Garrulax monileger* 科 噪鹛科 目 雀形目

鉴别特征：体形大小较画眉稍大。上体及翅、尾等大都棕橄榄褐色；后颈棕色；胸具黑圈。

分布：从云南西部东至福建，南抵海南。

黑领噪鹛 *Garrulax pectoralis* 科 噪鹛科 目 雀形目

鉴别特征：体形略大（30cm）的棕褐色噪鹛。头胸部具复杂的黑白色图纹。似小黑领噪鹛但区别主要在眼先浅色，且初级覆羽色深而与翼余部成对比。

分布：自甘肃东南部和陕西南部的华中和华南地区，包括海南。

红嘴相思鸟 *Leiothrix lutea* 科 噪鹛科 目 雀形目

鉴别特征：体形大小似银耳相思鸟。上体从头以至尾上覆羽均为暗灰绿色，头顶绿色较浓；两翅具朱红色翼斑；颏至喉黄色；胸部橙黄；腹部淡白；尾下覆羽浅黄色。

分布：西自西藏昌都地区，向东直到东南沿海各地，北自甘肃和陕西等省的南部，南至云南、广西、广东南方各省。

八哥 *Acridotheres cristatellus* 科 椋鸟科 目 雀形目

鉴别特征：通体黑色。额羽发达，延长而耸立。两翅有白斑，飞翔时十分显著。尾羽黑色而有白端。

分布：分布于我国南方各省以及甘肃，陕西和河南南部，四川东部和云南西部，海南和台湾（留鸟）。

丝光椋鸟 *Spodiopsar sericeus* 科 椋鸟科 目 雀形目

鉴别特征：体形比灰背椋鸟稍大。头顶丝光白色（雄鸟）或污灰色（雌鸟）；背部灰色（雄鸟）或灰棕色（雌鸟）。

分布：主要分布在华南地区，北至陕西南部、河南和安徽南部，东至江苏，南至广东和海南，西至四川、云南。

虎斑地鸫 *Zoothera dauma* 科 鸫科 目 雀形目

鉴别特征：体形较大，翅长超过15cm。上体橄榄赭褐色，满布黑斑。下体浅棕白色，除颏、喉、下腹中部外，各羽先端亦具黑斑。

分布：内蒙古东北部、黑龙江大兴安岭和小兴安岭、吉林长白山、河北、河南、陕西、甘肃、青海、四川、云南、安徽、江苏（旅鸟）、贵州、浙江、湖南、广西、广东、福建、台湾（冬候鸟）。

灰背鸫 *Turdus hortulorum* 科 鸫科 目 雀形目

鉴别特征：一种中等大小的鸟。雌雄羽色相似。上体石板灰色；颏、喉近白；下喉和胸灰色；两胁暗栗。

分布：黑龙江、吉林、辽宁（繁殖鸟）、北京、河北、山东、江苏（旅鸟）、湖南、浙江、福建、广西、广东、香港（冬候鸟）、云南、海南和台湾等省（偶见冬候鸟）。

乌灰鸫 *Turdus cardis* 科 鸫科 目 雀形目

鉴别特征：两性相异。雄鸟上体除头、颈等为黑色外，余均灰黑；颏、喉黑色，下体余部大都白色。雌鸟上体除耳羽橄榄褐色外，余均呈橄榄色；下体与雄鸟相似。

分布：河南、湖北、安徽、贵州、湖南、四川、江苏、浙江、福建（旅鸟）、云南、广西、广东及海南（冬候鸟）。

乌鸫 *Turdus mandarinus* 科 鸫科 目 雀形目

鉴别特征：两性相似，体形大小适中。通体黑色，嘴黄色，脚黑褐色。

分布：新疆、青海、西藏、贵州、河南、湖南、上海、浙江、安徽、江西、福建、四川、云南、广东、海南及台湾（冬候鸟）。

红胁蓝尾鸲 *Tarsiger cyanurus* 科 鹟科 目 雀形目

鉴别特征：雄鸟背面灰蓝色；雌雄的两胁均栗橙色，可供野外识别。

分布：广布于我国东部和中部，繁殖在东北和西南等地区。

北红尾鸲 *Phoenicurus auroreus* 科 鹟科 目 雀形目

鉴别特征：雄鸟头部灰白；两翅黑色，具明显的白色翼斑；腰和尾羽棕色，中央尾羽黑褐色；颏、喉、颈侧均黑，下体余部棕色。雌鸟除尾羽棕色外，其余部分以灰褐色为主。

分布：繁殖在东北、内蒙古、宁夏、甘肃、青海、河北、山西、陕西、四川、云南、西藏；冬季见于长江以南地区（包括台湾、海南）、西藏、四川、云南等。

红尾水鸲 *Rhyacornis fuliginosa* 科鹟科 目雀形目

鉴别特征：雄鸟通体大都暗灰蓝色；翅黑褐色；尾羽和尾的上、下覆羽均栗红色。雌鸟上体灰褐色；翅褐色，具两道白色点状斑；尾羽白色、端部及羽缘褐色；尾的上、下覆羽纯白；下体灰色，杂以不规则的白色细斑。

分布：本种在国内分布广泛，见于内蒙古、宁夏、甘肃、青海、河北、山西、陕西、山东、河南、湖北西部、四川、贵州、长江流域及长江以南地区（包括海南、台湾），向西至云南西部、西藏、云南。

紫啸鸫 *Myophonus caeruleus*  科鹟科 目雀形目

鉴别特征：通体深紫蓝色，并具有闪亮的蓝色点斑。

分布：遍布我国大部分地区，见于河北、山西、陕西、宁夏、甘肃以南地区，西达西藏南部。

白冠燕尾 *Enicurus leschenaulti* 科 鹟科 目 雀形目

鉴别特征：全长约270mm，体形较黑背燕尾大。前额至头顶白色；头顶的羽毛较长呈冠状；头顶后部至背和肩羽及头、颈两侧和颏、喉至胸部纯黑色；腰至尾上覆羽和下体余部纯白色；翅黑褐色，具大形白色翅斑；尾羽除外侧两对纯白色外，其余尾羽大部黑褐色，羽基和羽端白色。两性相似。

分布：云南贡山、维西、宾川、景东、昆明等地，为留鸟。还见于甘肃南部、陕西南部、河南南部，南抵广东及海南，西至四川、贵州等地区。

蓝矶鸫 *Monticola solitarius* 科 鹟科 目 雀形目

鉴别特征：中等体型（23cm）的青石灰色矶鸫。雄鸟暗蓝灰色，具淡黑及近白色的鳞状斑纹。腹部及尾下深栗。雌鸟上体灰色沾蓝，下体皮黄而密布黑色鳞状斑纹。喉与下体余部同色，并无块斑。

分布：我国东部与中部，亦见于新疆天山及西藏南部。

橙腹叶鹎 *Chloropsis hardwickii* 科叶鹎科 目雀形目

鉴别特征：橙腹叶鹎以成鸟腹部橙色而得名。雄性成鸟上体绿色；额和头顶两侧微黄；翅上小覆羽亮钻蓝，其余翼上覆羽和外侧飞羽紫黑，内侧飞羽表面绿色；尾羽黑色而缀以暗紫；喉侧具两道宽阔的蓝髭纹；余脸侧、喉和上胸均黑，有的染以紫黑；胁部淡绿色。雌鸟整个上体绿色，两翅外侧和外侧尾羽均染蓝，头部无黄色渲染；下体除腹部中央和尾下覆羽橙色外，概为浅绿色。

分布：西藏、云南、广西、广东、福建（留鸟）。

白腰文鸟 *Lonchura striata* 科梅花雀科 目雀形目

鉴别特征：喉、胸黑褐色，腰白，尾黑，上体褐色，具微细的淡皮黄色斑纹；下体近白，形若麻雀，飞翔时呈波状前进。

分布：四川、云南以东的华南各省直至台湾，北抵陕西、河南、安徽、江苏等省的南部。

斑文鸟 *Lonchura punctulata* 科 梅花雀科 目 雀形目

鉴别特征：体形和白腰文鸟相似，比麻雀小。上体褐色，尾金黄；下体苍白，喉栗色，胸部和体侧多鳞状斑。

分布：遍布于我国南部地区，自西藏东南部、四川西南部、云南、贵州至江苏南部、浙江、福建、台湾、广东及海南。

山麻雀 *Passer cinnamomeus* 科 雀科 目 雀形目

鉴别特征：雄鸟大小、体形都与树麻雀相似，但背面呈栗红色，耳羽处无黑斑；翕具黑色斑纹；雌鸟与其它（除树麻雀外）麻雀的雌鸟酷似，只眉纹长而宽为奶油白色，眼纹宽而色暗，腹面稍沾淡黄色。

分布：国内除新疆、内蒙古和东北外，其余地区均见有分布。

麻雀 *Passer montanus* 科 雀科 目 雀形目

鉴别特征：雄鸟从额至后颈纯肝褐色；上体砂棕褐色，具黑色条纹；翅上有两道显著的近白色横斑纹；颏和喉黑。雌鸟似雄体，但色彩较淡或暗，额和颊羽具暗色先端，嘴基带黄色。

分布：遍及全国各地区。

树鹨 *Anthus hodgsoni* 科 鹡鸰科 目 雀形目

鉴别特征：上体橄榄褐绿色，稍具斑点，头部具黑褐色纵纹，并具明显的棕黄色眉纹；尾羽黑褐色，具橄榄绿色的羽缘，最外侧一对尾羽的外翈绿褐色，内翈除基部暗褐色外，端部灰白色；下体灰白色，胸部具明显的黑色粗纹，此鸟在停栖时，尾常上下摆动，易于识别。

分布：东北、内蒙古、河北、甘肃、青海、四川、西藏、云南等地；越冬多在长江以南地区。

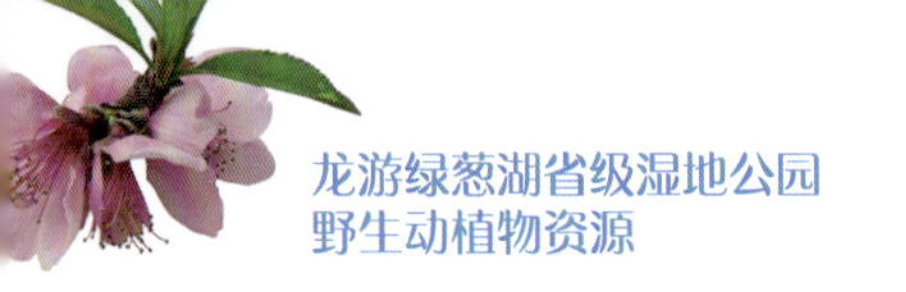

水鹨 *Anthus spinoletta* 科 鹡鸰科 目 雀形目

鉴别特征：上体灰褐色，具不太明显的暗褐色纵纹，下体棕白色或浅棕色，胸部较浓，繁殖期则转为淡葡萄红色；雄鸟的胸部缀以暗色纵纹，或不太明显；后爪黑色且稍曲，较后趾长或与其等长，有时反稍短一些。

分布：分布比较广泛，西至新疆西部，东至东北南部，北至新疆北部，南至云南、海南、台湾。越冬区多在长江以南。

白鹡鸰 *Motacilla alba* 科 鹡鸰科 目 雀形目

鉴别特征：通体黑白相间，上体大都黑色，下体除胸部有黑斑外，纯白色。尾羽较长且呈黑色，最外侧两对尾羽，除内翈近基处具黑褐色羽缘外皆纯白色，飞行时尤为明显。飞行呈波浪式曲线，停栖时尾不停地上下摆动。

分布：几乎遍布于中国各地，多集中在中部、南部和东部。

灰鹡鸰 *Motacilla cinerea* 科 鹡鸰科 目 雀形目

鉴别特征：喉部在夏季时为黑色，冬季则呈白色；眉纹棕白色，至腰及尾上覆羽转为黄绿色；中央尾羽黑色，具黄绿色的狭缘，外侧3对尾羽除第二、三对的外翈大部分为黑色外概为白色；下体黄色，后爪弯曲，显较后趾长。

分布：几乎遍布全国。

黄鹡鸰 *Motacilla tschutschensis* 科 鹡鸰科 目 雀形目

鉴别特征：头顶灰色，上体橄榄绿，腰部较淡；翼上覆羽和飞羽黑褐色，具乳黄色羽缘，形成两道较明显的黄白色翼斑；尾羽黑褐色，最外侧两对尾羽大都白色；颏白色、下体余部黄色。

分布：中国东南部地区至新疆等地（繁殖鸟、旅鸟）。

黑尾蜡嘴雀 *Eophona migratoria* 科 燕雀科 目 雀形目

鉴别特征： 体形和羽色与黑头蜡嘴雀相似，但略小。雄鸟头部全黑；翼黑色而带白斑；体羽余部近灰色，上体较暗，腹侧各具焦黄色斑。雌鸟除翼和雄鸟同色外，体羽大致呈灰色。

分布： 我国东北、华北、华中、华南和西南广大地区。

灰头鹀 *Emberiza spodocephala* 科 鹀科 目 雀形目

鉴别特征： 头、颈、颏、喉和胸均灰绿色，背面橄榄褐色，具有黑褐色条纹，下体亮黄色。

分布： 由东北至海南，西达宁夏、甘肃，西南至云南。

中文名索引

T

W

X

Y

Z

学名索引

A

B

C

M

N

O

P

Q

R

S

参考文献

曹清明, 钟海雁, 李忠海, 等, 2007. 我国蕨淀粉资源的综合开发利用[J]. 食品研究与开发, 28(12): 168-171.

陈日红, 金伟, 陈锋, 等, 2019. 浙江建德蕨类植物区系研究[J]. 浙江林业科技, 39(2): 42-49.

高耀亭, 1987. 中国动物志 兽纲 第八卷 食肉目[M]. 北京: 科学出版社.

国家林业和草原局和农业农村部. 国家重点保护野生植物名录[R/OL]. (2021-9-7)http://www.gov.cn/zhengce/zhengceku/2021-09/09/content_5636409.htm.

国家林业和草原局和农业农村部. 国家重点保护野生动物名录[R/OL]. (2021-2-9)http://www.gov.cn/xinwen/2021-02/09/content_5586227.htm.

何川生, 1997. 蕨类植物综合利用概况[J]. 热带作物研究(1): 65-68.

环境保护部和中国科学院. 中国生物多样性红色名录: 高等植物卷EB/OL. (2018-12-19)https://data.casearth.cn/sdo/detail/5c19a5680600cf2a3c557b5a.

黄文几, 陈延熹, 温业新, 1995. 中国啮齿类[M]. 上海: 复旦大学出版社.

蒋志刚, 2021. 中国生物多样性红色名录:脊椎动物卷[M]. 北京: 科学出版社.

刘茜, 2018. 南方红豆杉提取物的抗氧化, 抗肿瘤活性研究[J]. 广西师范大学学报(自然科学版), 34(4): 55-59.

秦仁昌, 1979. 喜马拉雅—东南亚水龙骨科植物的分布中心[J]. 植物多样性, 1(1): 1-3.

曲利明, 2013. 中国鸟类图鉴[M]. 福州: 海峡书局.

沙晋明, 李小梅, 2002. 基于遥感信息的哈夫曼优化树在山地土壤资源调查中的应用——以浙江省龙游县为例[J]. 山地学报, 20(2): 223-227.

苏育才, 陈晓清, 2012. 芒萁的研究进展[J]. 生物学教学, 37(2). 5-7.

王亚敏, 陈乐, 廖卫波, 等, 2019. 乌蕨的化学成分, 药理作用及质量标准研究进展[J]. 实用中西医结合临床, 19(11): 180-182.

魏辅文, 杨奇森, 吴毅, 等, 2021. 中国兽类名录(2021版)[J]. 兽类学报, 41(5): 15.

吴征镒, 2011. 中国种子植物区系地理[M]. 北京: 科学出版社.

夏武平, 1988. 中国动物图谱: 兽类[M]. 北京: 科学出版社.

徐皓, 2005. 紫萁的药用及食用价值(综述)[J]. 亚热带植物科学(3): 82-84.

杨奇森, 岩崑, 2007. 中国兽类彩色图谱[M]. 北京:科学出版社.

伊贤贵, 2007. 武夷山樱属资源调查及开发利用研究[D]. 南京: 南京林业大学.

约翰 · 马敬能, 卡伦 · 菲利普斯, 何芬, 2000. 中国鸟类野外手册[M]. 长沙: 湖南教育出版社.

臧得奎, 1998. 中国蕨类植物区系的初步研究[J]. 西北植物学报, 18(3): 459-565.

张荣祖, 1999. 中国动物地理[M]. 北京: 科学出版社.

赵鹏辉, 巩江, 高昂, 等, 2011. 海金沙的鉴别及药学研究进展[J]. 安徽农业科学, 39(14): 8380-8381.

郑光美, 2017. 中国鸟类分类与分布名录(第三版)[M]. 北京: 科学出版社.

郑作新, 1979. 中国动物志:鸟纲.第二卷,雁形目[M]. 北京: 科学出版社.

朱真令, 2020. 基于GIS的龙游县土壤pH值时空演变[J]. 浙江农业科学, 61(1): 183-185.

Angiosperm Phylogeny Group, Chase MW, Christenhusz MJM, et al, 2016. An update of the Angiosperm Phylogeny Group classification for the orders and families of flowering plants: APG IV[J]. Botanical Journal of the Linnean Society, 181(1): 1-20.

Christenhusz MJM, Reveal JL, Farjon A, et al, 2011. A new classification and linear sequence of extant gymnosperms[J]. Phytotaxa, 19: 55-70.

PPG I, 2016. A community-derived classification for extant lycophytes and ferns[J]. Journal of Systematics and Evolution, 54(6): 563-603.